血型密码全集
BLOOD-GROUP　　严昕陶◎编著

重庆出版集团 重庆出版社

图书在版编目（CIP）数据

血型密码全集/严昕陶编著.—重庆：重庆出版社，2010.5

ISBN 978-7-229-01940-2

Ⅰ.①血… Ⅱ.①严… Ⅲ.①血型－关系－健康－通俗读物 Ⅳ.①R161-49

中国版本图书馆CIP数据核字（2010）第039646号

血型密码全集

出 版 人：罗小卫
策　　划：华章同人
责任编辑：陈建军
特约编辑：蔡　霞　周彩莲
版式设计：孙阳阳
制　　作：（www.rzbook.com）

重庆出版集团
重庆出版社　出版

（重庆长江二路205号）
廊坊市兰新雅彩印有限公司 印刷
重庆出版集团图书发行公司 发行
邮购电话：010-85869375/76/77转810
E-MAIL：tougao@alpha-books.com
全国新华书店经销

开本：787mm×1092mm　1/16　印张：16印张　字数：300千字
2010年6月第1版　2010年6月第1次印刷
定价：29.00元

如有印装质量问题，请致电023-68809955转8005

版权所有，侵权必究

Foreword

掀开血型与养生的神秘盖头

血液有一股神秘而奇妙的力量,没有生物的界限,没有时空的阻隔,从远古飘然而来。即使是从未见面的两个人,只要他们血脉相连,无须太多的语言,太多的介绍,只要两眼一望,心底仿佛就有一种早就存在的情愫,慢慢地连成一条线。

在血液中,到底有什么古老而神秘的物质能使人类自己与其他的同伴聚集而又区别?

一滴血看起来既渺小又普通,殊不知,就是这小小的一滴血却包含着人类发展史上最神秘的秘密。祖先那些古老的传统和文明,以及优秀品质,通过血液的模式在子孙身体中得以完好保存,并不断复制。这个秘密除了我们所知的基因外,还有一些目前医学水平无法探测的物质。医生们只能通过大量的实验与数据证明它们的存在。

大量的实验数据证明,血液中有一套奇妙而复杂的方法,来判断体内的物质哪些是自己的,哪些是外来的。这个方法的发展与人类文明一样久远,从人类最初文明一直到今天,它都紧紧相随。在人体内,唯一能熟练使用这种方法的就是——神秘的抗原。

抗原就像恋爱中女人的心,很奇妙,也很敏感,对体内的物质,往往有两种截然不同的表现。一种是对构成自身细胞的蛋白质、糖蛋白、糖脂类表现出的亲密地融合;另一种就是对外来抗原表现出"同归于尽"般地凝集。比如,外来细菌的抗原,或者外力运输血液抗原一旦进入你的身体,体内抗原会立刻作出判断。

不同的血型,构成红细胞膜外层的蛋白质、糖蛋白、糖脂类也不同,即抗原也不同。于是,血型与养生关系的神秘盖头也就揭开了。

由于不同血型的抗原不同,人体所表现出的身体素质也不同,因此对饮食、压力、运动方式的需求也不同。

这就是血型与养生的秘密。

Blood-group

目录

Part 01
血型影响性格，性格决定命运

性格情报站：揭开血型的面纱 / 10

善于剖析自我的A型血人 / 10
时时给你新鲜感的B型血人 / 11
现实与浪漫交织的O型血人 / 12
具有双重性格的AB型血人 / 13

性格大起底：不同血型的性格分析 / 14

A型血人性格大透视 / 14
B型血人性格大扫描 / 16
O型血人性格大调查 / 17
AB型血人性格大揭秘 / 19

命运大转盘：不同血型的性格与命运 / 20

感情丰富，用心深远：A型血人的命运之道 / 20
判断迅速，直觉敏锐：B型血人的命运之道 / 23
意志坚强，广交善结：O型血人的命运之道 / 25
敏感善变，敢于冒险：AB型血人的命运之道 / 28

Part 02
爱情的奥秘：血型中的爱情特质

爱的火焰：不同血型的爱情热度 / 30

A型血：内热外冷的被动者 / 30
B型血：火山一样炽热 / 31
O型血：来得快去得也快 / 32
AB型血：像彩虹一样绚丽多彩 / 33

缘分对对碰：谁能与你牵手一生 / 34

情缘碰撞：不同血型的爱情缘分 / 34
寻寻觅觅：找到最适合自己的伴侣 / 37
相爱容易相处难：血型告诉你如何去爱 / 40
追求百分百的成功：爱情指数看血型 / 41

Part 03
人脉是金：血型中的交际魔方

对症下药：不同血型的交际攻略 / 48

A型血人的你：需要积极的交往态度 / 48

B型血人的你：充满感情的行动家 / 50

O型血人的你：固执但富有人情味 / 51

AB型血人：习惯于走自己的路 / 52

博得上司的信任：根据血型灵活应对 / 54

A型血人与上司融洽交往的技巧 / 54

B型血人如何应对不同血型的上司 / 55

O型血人如何在与上司的交往中掌握主动 / 56

AB型血人与不同血型上司的交际攻略 / 58

获得下属的支持：根据血型处理关系 / 59

成为最成功的A型血上司 / 59

做最有亲和力的B型血上司 / 60

做最冷静的O型血上司 / 61

做最有责任心的AB型血上司 / 63

Part 04
血型与心理，健康养生的心灵激素

A型血：隐忍的君子 / 64

A型血的常见心理 / 64

A型血调心饮食方案 / 66

B型血：过于自信的骑士 / 68

B型血的常见心理 / 68

B型血调心饮食方案 / 70

O型血：急性子的猎人 / 71

O型血常见的心理 / 71

O型血调心饮食方案 / 74

AB型血：矛盾的法官 / 75

AB型血的常见心理 / 75

AB型血调心饮食方案 / 77

Part 05
血型与饮食，科学的健康养生之道

消化系统的"血型"之分 / 78

不同血型消化系统的特点 / 78

耕耘者——A型血的健康饮食 / 81

A型血的饮食习惯 / 81

生活中A型血该怎么吃 / 83

健康食谱 / 86

生活中AB型血该怎样吃／124
AB型血的健康食谱／128

AB型血的食品补充与禁忌／130
AB型血易流失的营养／130
AB型血应补充的营养／131
AB型血补充营养的禁忌／131

A型血的食品补充与禁忌／88
A型血易流失的营养／88
A型血应补充的营养／89
A型血补充营养的禁忌／95

Part 06 血型与疾病，解开养生奥秘的钥匙

免疫系统的"血型"之分／132
免疫系统细析／132
不同血型免疫系统的差别／134

畜牧者——B型血的健康饮食／96
B型血的饮食习惯／96
生活中B型血该怎么吃／97
B型血的健康食谱／102

A型血易患疾病的防治与调养／137
A型血体检大排查／137
A型血与各种疾病的关系／138
A型血的调养计划／140
A型血的调养食谱／142

B型血的食品补充与禁忌／105
B型血易流失的营养／105
B型血应补充的营养／107
B型血补充营养的禁忌／109

B型血易患疾病的防治与调养／145
B型血体检大排查／145
B型血与各种疾病的关系／146
B型血的调养计划／149
B型血的调养食谱／152

狩猎者——O型血的健康饮食／110
O型血的饮食习惯／110
生活中O型血该怎么吃／113
O型血的健康食谱／117

O型血易患疾病的防治与调养／155
O型血体检大排查／155
O型血与各种疾病的关系／156
O型血的调养计划／158
O型血人调养食谱／161

O型血的食品补充与禁忌／119
O型血易流失的营养／119
O型血应补充的营养／120
O型血补充营养的禁忌／122

混合者——AB型血的健康饮食／123
AB型血的饮食习惯／123

AB型血人易患疾病的防治与调养 / 164

AB型血体检大排查 / 164

AB型血与各种疾病的关系 / 166

AB型血的调养计划 / 168

AB型血的调养食谱 / 170

Part 07
血型与解压，释放压力的养生攻略

A型血：调整减压法 / 172

压力对A型血的危害 / 172

适合A型血的减压策略 / 174

A型血的解压美食 / 177

B型血：懒人减压法 / 180

压力对B型血的危害 / 180

适合B型血的减压策略 / 182

B型血的解压美食 / 185

O型血：狂热减压法 / 188

压力对O型血的危害 / 188

适合O型血的减压策略 / 190

O型血的解压美食 / 192

AB型血：悠闲减压法 / 194

压力对AB型血的危害 / 194

适合AB型血的减压策略 / 195

AB型血的解压美食 / 198

养生课堂:血型VS解压 / 201

Part 08
血型与运动，生命养生的保障

A型血：镇静练习促健康 / 202

A型血运动漫谈 / 202

A型血运动解码注意 / 204

A型血健身计划 / 205

A型血的活力食谱 / 210

B型血：规律运动保健康 / 212

B型血运动漫谈 / 212

B型血运动解码注意 / 213

B型血健身计划 / 214

B型血的活力食谱 / 218

O型血：让运动来得更剧烈些吧 / 220

O型血运动漫谈 / 220

O型血运动解码注意 / 221

O型血健身计划 / 222

O型血的活力食谱 / 226

AB型血：镇静、有氧运动要交替进行 / 228

AB型血运动漫谈 / 228

AB型血运动解码注意 / 229

AB型血健身计划 / 231

AB型血的活力食谱 / 234

养生课堂:血型VS运动特长 / 235

Part 09
血型十二宫：血型 VS 星座

A型血人的星座物语 / 236

A型白羊座：战斗力强，渴望成就感 / 236

A型金牛座：从容不迫，不轻易冒险 / 237

A型双子座：足智多谋，善于交际 / 237

A型巨蟹座：不折不扣的浪漫主义者 / 238

A型狮子座：天真与王者的交织 / 238

A型处女座：狂想而自负的完美主义者 / 238

A型天秤座：优雅多彩过一生 / 239

A型天蝎座：热情自信，感情活跃 / 239

A型射手座：自然奔放，率性而为 / 240

A型摩羯座：追求平稳，坚持自我 / 240

A型水瓶座：天赋异禀，孤芳自赏 / 241

A型双鱼座：反应灵敏，善解人意 / 241

B型血人的星座密码 / 242

B型白羊座：胆大心细，爆发力强 / 242

B型金牛座：稳扎稳打，决不放弃 / 242

B型双子座：冲动逞强，改弦易辙 / 243

B型巨蟹座：谨慎稳健，重视安全感 / 243

B型狮子座：热衷展示自我的"爱现"者 / 244

B型处女座：勤劳严肃，注重秩序 / 244

B型天秤座：内向文静，广结善缘 / 244

B型天蝎座：敏感细心，多才多艺 / 245

B型射手座：个性乐观，无拘无束 / 245

B型摩羯座：沉稳内敛，讲究务实 / 246

B型水瓶座：智慧过人，自命不凡 / 246

B型双鱼座：不食人间烟火的艺术家 / 246

O型血人的星座奥妙 / 247

O型白羊座：积极进取，富有行动力 / 247

O型金牛座：习惯顺从，不爱冒险 / 247

O型双子座：好奇心强，兴趣广泛 / 248

O型巨蟹座：仁慈友爱，较强的防卫心 / 248

O型狮子座：积极开朗，具有支配倾向 / 248

O型处女座：头脑灵活，三思而行 / 249

O型天秤座：注重外表，处事得体 / 249

O型天蝎座：信念坚定，性情多变 / 250

O型射手座：爽朗大方，具有亲和力 / 250

O型摩羯座：坚持原则，中规中矩 / 250

O型水瓶座：直来直去，博爱为怀 / 251

O型双鱼座：乐于奉献，多情浪漫 / 251

AB型血人的星座解读 / 252

AB型白羊座：真诚冷静，公正无私 / 252

AB型金牛座：坚强实在，冷静沉着 / 252

AB型双子座：随机应变，博学多闻 / 252

AB型巨蟹座：感觉敏锐，有求必应 / 253

AB型狮子座：充满活力，光明磊落 / 253

AB型处女座：判断力强，爱好批判 / 253

AB型天秤座：温文尔雅，万事周到 / 254

AB型天蝎座：冷静敏锐，不怒自威 / 254

AB型射手座：理想远大，懂得变通 / 254

AB型摩羯座：笃实沉稳，安全至上 / 255

AB型水瓶座：冷静客观，崇尚理性 / 255

AB型双鱼座：多重人格的自我迷失者 / 255

Part 01

血型影响性格，
性格决定命运

不同的血型塑造不同的性格，不同的性格又影响着人一生的命运。可以说，血型是左右人生的一只看不见的手。不同的血型，更潜伏着不同的人生轨迹。

性格情报站：揭开血型的面纱

从古到今，从东到西，大千世界，各色人等，如果按照某种标准分类的话，总能分出几等几类来。但是，如果标准、尺度不同，则分出的类别数量也不同。假如我们把人类按照四种血型分成四类的话，我们会发现，这四类人在气质与性格特点上有一定的差别。

* 善于剖析自我的A型血人

A型血人性格的主要特征是善于剖析自我，同时，对别人的评价以及环境的变化反应得过分敏感，难免显得有些神经质。他们的思想和行为不会超过规范，办事慎重有规律，能够忍受痛苦，防卫心理很强，热爱家庭生活。

A型血男性的性格特点

对于A型血男性来说，对其影响最深的莫过于自信心受损。当自信心尚未丧失之前，他们通常会在各方面表现得非常主动积极，而一旦自信心受损，便会立刻变得低迷起来，自卑感也会油然产生。

A型血女性的性格特点

A型女血性最大的魅力是温柔、体贴、能干。她们大多严谨细心，待人和蔼，脸上总挂着亲和温馨的笑容。即使A型血女性正与丈夫吵架，若有客人来访，仍能够挤出笑脸，殷勤地招待对方。

由于A型血女性最讲求条理分明，从不会黑白不分，正邪不清。因此，A型血女性给人的印象便是不断地讲道理，但缺乏协调融合性，有时会显得固执、执著。

A型血人性格的优缺点

A型血人的性格优点通常是顺从、小心谨慎、仔细认真、有自省力、感情丰富、富有同情心、肯牺牲、包容力强、文静等。A型血人性格上的缺点通常是易担心，情绪化，意志不坚定，处事犹豫不定，不懂交际，孤僻，自卑、内向，羞耻心过强，自我伪装的倾向很高等。A型血人易受周围环境的影响，容易被环境左右，从好的方面看，只要能将其能力发挥出来，便会成功。相反，遇到困难因没有勇气而畏惧退缩，只会将自己的缺点显露出来，结果更容易失败。

✱ 时时给你新鲜感的B型血人

具有B型血特质的人因善变而常常给人新鲜感。他们通常喜欢社交，令人耳目一新，偏好华丽而热闹的事物，全凭直觉及印象，容易不顾一切地蛮干下去。若因我行我素而造成他人的误解时，他会不耐烦地将脸转到一边去。

B型血男性的性格特点

一般说来，B型血男性较外向。此外，B型血男性不喜欢受人限制，做事往往喜欢坚持自己的原则。B型血男性最大的特点便是爽朗、直率、充满活力。

B型血女性的性格特点

B型血女性通常不甘寂寞，闲来无事时，也要找同伴闲聊一番。此外，B型血女性的性格的主要特点表现在她们的热心及粗心。她们可以毫无顾忌地与初次见面的人谈笑风生。因此，有B型血女性的场合，气氛必定欢快无比。只是，由于她们过于随和，极易给人造成"多事婆"的印象。

B型血人的性格优缺点

B型血人性格的优点是淡泊、乐观、敏感、好动、交际能力很强、亲切；而缺点则是心浮气躁、耐力低、意志不坚定、胆大心不细、行为夸张等。此外，B型血人不易受周围环境的影响，当其言行受到抑制，或被强迫做事时，便会迁就于环境的状况，但当没有回转余地的时候，会从原来的环境中逃跑。

✻ 现实与浪漫交织的O型血人

O型血人的特点是好胜心强，喜欢穿着打扮，热衷于政治，不甘失败，耻于落后。他们个性虽强，但乐于广交善结，朋友很多。这一血型的人，既有现实的一面，又有浪漫的一面。

O型血男性的性格特点

O型血人的固有特质是精明强干而又充满自信。O型血人常显得自我意识太强，通常会让人感到难以应付。但是，O型血男性对于自己在社会上的地位及立场不合意时，常会抱着"输给别人"的自卑意识，并且这种意识会深深地根植在他们心中。

O型血女性的性格特点

年轻的O型血女性给人的印象是非常可爱，有"可爱的女人"之称。因为，O型血女性似乎天生就善于获取他人的保护。

O型血人的性格优缺点

O型血人性格上的优点是意志坚强、有自信、重理性、精力旺盛，冷静，公正，积极、主动性强且重实际；而缺点是个性顽固，缺乏融合性、个人主义色彩非常浓厚，以至于有令人感觉过于冷漠倾向。O型血人很少受环境及周围人的影响，包括亲近的人以及长期交往的人，因此更不会因别人的言语、行为而使自己的意志受到左右。

✻ 具有双重性格的AB型血人

显而易见，AB型血人是集合了A型血人与B型血人的双重性格，只是有些人比较偏向A型血，而有些人更偏向B型血。AB型血人的最大特色就是具有融通性强且适应性高的能力，而且他们大多待人真诚亲切，极具服务精神，具有任性的、非理性的、以自我为本位的性格表现。

AB型血男性的性格特点

AB型血男性是八面玲珑、擅长协调人际关系的多面手。但这只是针对事务性的范畴而言。对于亲情方面，他们却常常敬而远之。此外，AB型血男性大多在社会上十分活跃，善于经营、能干、做事认真。

AB型血女性的性格特点

AB型血女性有些比较偏向A型血人的性格，有些则偏向B型血人，活跃型、内向型、神经质类型都有。但是，AB型血女性若是有神经质的倾向，其情况通常要比男性更为严重，许多女性甚至出现对他人产生恐惧的情形。

AB型血人的性格优缺点

AB型血人的性格优点是观察能力很强、善解人意、亲切、客气，易相处，有同情心，肯牺牲，喜欢自我反省；而缺点在于易生气发怒、神经质、赘言很多、容易妥协等。

性格大起底：
不同血型的性格分析

既然血型影响性格，那么不同血型的人，具有什么样的性格特质，在处理同样事情方面又有怎样的差异呢？现在，我们就对不同血型的人来次性格大起底，深入地剖析一下隐藏在血型中的性格密码。

＊ A型血人性格大透视

A型血人遵循社会常理，是规矩的、认真的优等生。性格较温和，具有责任感，做事很谨慎；感情丰富，诚实谦虚，但优柔寡断，多愁善感。

适应性强

A型血人善于学习新的知识，特别是人际关系的知识，以此来与周围的人保持协调的关系。A型血人甚至可以改变自己的情感，以一种顺从的态度来适应各种各样的环境，有水一样的适应能力。

疑心重

正是由于A型血人的适应性，他们总想和周围环境之间取得一种协调。A型血人无论外表表现得多么大胆、开放，在内心深处永远猜忌着许许多多的事。

善于自我伪装

A型血人不只对周围的人猜疑心很重，就连对自己也一样。没有坚定的自信心，使得A型血人总是将自己的真面目包装起来，甚至以警戒的心掩饰自己。

感情丰富易情绪化

A型血人的原动力就是感情，对色彩的喜好、对声音的感觉、对美的感受，甚至生活的安排，都是凭借着感情做选择。虽然A型血人对喜怒哀乐的表现向来比较节制，但是内心的感情世界却是波涛汹涌。

富有牺牲精神

A型血人英雄主义情结很浓，他们可以为了亲人的幸福、公司的发展、团队的胜利等牺牲自我，但是随着时间的流逝，这种热情便会渐渐冷却下来，可谓热得快，冷得也快。

好奇心强

A型血人对事情或人都有一股强烈的兴趣，好奇心十分旺盛。当面对新鲜的事物时，便会抱着强烈的兴趣与关心的态度。

较强的直觉

A型血人有较强的直觉性，经常是根据突然闪现的灵感采取行动。他能敏锐地察觉一般人不容易注意到的细微之处，很容易感受到事情发展的大趋势，走在事态的前端。

按自己的步调发挥能力

A型血人在选择职业的时候，并不以物质方面的满足为优先考虑的条件，而是先考虑这份工作是否符合自己的性格，是否能充分发挥自己的能力，或是自己是否有能力胜任这份工作。

A型血人的自我性格开发

A型血人首先应注重培养自己的韧性。A型血人有一种消极意味的忍耐力，那就是当受到打击或被逼入苦闷的境地之中，便一动不动地忍耐着，等待攻击结束，情形转好。他们的这种耐力超强。所以，A型血人应不断向自己提出成功的暗示，以进行自我鼓励，把毅力很好地保持下去，这样才能打破窘况，让自己经受住打击，实现奋斗目标。A型血人没有决断力是因为他们不去决断。所以，A型血人可以试着从小事做起，尝试在小事上下决断。

A型血人的时尚观念

A型血人对流行、时尚的敏感度偏低，绝非前卫主义的拥护者。A型血女性的穿着大都较为朴素，对于亮丽的颜色和原色，如红橙黄色、蓝靛紫等，并不特别青睐。服装造型方面，以家庭式洋装和具有欧式风味的服饰最能彰显其特色。

✱ B型血人性格大扫描

B型血人不拘泥于社会常规，具有自由奔放的性格特征；不受固有观念的束缚，同时缺少对事物的执著追求；好奇心强，兴趣广泛，热心投入与自己志趣相投的领域的活动中。

反应灵敏，性情活泼

B型血人对周围的变化相当敏感，反应十分敏锐，擅长与人沟通；当B型血人发挥气质中活泼的一面时，周围将充满明朗的气氛，但是当活泼面应用在反面的时候，就显得心浮气躁，办事欠稳重。

过于自我肯定

B型血人有强烈的自我倾向，他们会经常无视他人的存在，与人谈话时总表现得无所不知的样子。而且对他人的批评总是愤愤无法接受，总会极力反驳。做任何事都很自信，讲任何话也都信心十足。

内心深处的疏离感

没有坚定而执著的心志、适应能力不佳，是B型血人的典型个性。强烈的自我肯定，造成自信心太强，以至于有与人疏离的倾向。

善变

B型血人的行为，在他人看来，是突发性的、冲动性的，见不到行为目的，也看不到结果的。往往有出乎他人意料的行为发生，显示出B型血人性格上的变化莫测，言行支离破碎，让他人无所适从。

生命力强

B型血人适应社会环境的能力虽然很差，但是对社会的抵抗力却很强，即使和社会脱节，仍不受影响。

胆大但不执著

大胆的气质是B型血人的特色，遇到某种情形，他们仍会放弃所拥有的一切，他们做事没有专一的态度，缺乏执著的精神。

直觉敏锐

B型血人具备不依常理，光凭感觉即可渗透整体的能力，就好像大自然中的动物，当有外来者侵入他们的领域时，他们瞬间便可察觉出来。B型血人靠直觉与印象可立刻控制事态的发展。

B型血人的自我性格开发

B型血人的行动往往被冲动的感情所支配。一般B型血人对此不采取中止的行动，而是悄悄改变想法，使行动合理化，以此解除内心的矛盾，所以需要自我调节。同时，B型血人积极、敏感、开朗、喜欢交际、热情、乐天、活跃，B型血人要善于发挥自己的这些优点。

＊O型血人性格大调查

O型血人乐观豪爽，性格明朗外向，理智重于感情，意志坚定，好出风头，做事有决断力，充满自信，体内蕴藏着狂野愿望。

富有开拓精神

O型血人善于开拓创新，当遇到失利，他们往往百折不挠，会顽强地坚持到底。O型血人天生就拥有这种坚韧的精神和力量。

自我意识较强

O型血人常常是自我意识强，而不愿以心理上的自我欺骗或自我妥协去适应环境。使人们认为O型血人意志坚强。O型血人不容易受周围人及环境的影响，不易被他人左右。O型血人的不少言行看上去像是无目的地蛮干，实际上完全是理性与智慧的行动。

理想主义者

在O型血人当中，很多都是抱着某种坚定的信念的，他们属于理想主义者。有些O型血人表面上沉默寡言、不露声色，但心中却在暗暗追求着自己的理想，为自己的信念而默默地努力奋斗着。这一血型的人在思想上追求理想，坚持信念。

逻辑性强

O型血人对任何事一定要先经过大脑——过滤、审查、判断，才会承认它的真实性，而一旦认清其中的意义，便会勇气十足而果断地采取行动。他们具有坚强的意志力，可以压抑自己的感情，由此具有清晰明朗的思路和坚定的信心。

自我抑制力较强

O型血人的性格中也有矛盾的一面。他们外表看起来好像总是很开心的样子，但是内心则是带有淡淡的苦涩。O型血人是很理性的，自我抑制力很强，不容易将内心感受表露出来。

对感情很执著

在处理矛盾的人际关系和面对工作上的挑战时，O型血人通常没有办法在心理上做适当地调节，或在感情上自我欺瞒，以至于没有办法灵巧地解决事情。

O型血人的自我性格开发

以上所讲的O型血人的几种性格特点中，有长处也有短处。所以，O型血人要注意扬长避短，要积极推进自我性格的开发。如果吃透了O型血人的以上性格特点，其他气质型的人就能够和他们与之非常融洽地相处。O型血人从根本上讲是非常善良的人。

✱ AB型血人性格大揭秘

AB型血人给人以干练、优雅、恬静、柔和的印象，从不轻易表露自己的情感。无论在怎样的情形下，通常都能做出冷静的判断，头脑清晰，考虑事物全面、多角度。而他们所作的主张，也几乎都是"强烈"或"严厉"的。

自我表现欲强烈

AB型血人的自我表现欲望极其强烈，他们不仅善言谈，还会付出行动，并持续不断。能比别人提前获得成功，但也会因思考过度，导致他们见风转舵的性格。

容易受环境影响

AB型血人容易受环境的影响，随着周围环境的变化和刺激发生很大的变化；但他们也不太在意别人的言行，所作所为常令人惊诧。AB型血人气质的最大特征，是性格的不统一，这一点连他们自己也感到很无奈。

因好奇而行动

AB型血人的言行举止有时让人感到莫名其妙，但又常常在大胆的言行举止当中，透露出不寻常的智慧。AB型血人在资料的收集、分析上颇有心得，这与他们气质上的好奇心有着相当大的关系。

反应能力很强

AB型血人拥有客观而合理的决断能力，灵敏又好动。性格开朗可以对任何人都很亲切，这就是AB型血人所谓的反应能力。

AB型血人的自我性格开发

以上所讲的AB型血人的几种性格气质特征中，有长处也有缺陷。性情急躁、反复无常、忧郁、爱发牢骚等是AB型血人的缺点。不仅对AB型血人，对任何血型的人来说都一样，扬长避短的方法是互为表里的。

命运大转盘：不同血型的性格与命运

> 不同的血型有不同的性格，不同的性格又影响着人一生的命运。可以说，血型是左右人生的红色权杖。不同的血型，潜伏着不同的人生轨迹。

✻ 感情丰富，用心深远：A型血人的命运之道

A型血人中有稳健型、谦恭型、自私型、勤俭型、谨慎型、守信型、低调型、机敏型、融合型、完美型等不同特性的人，这种性格上的不同也决定了他们人生轨迹的差异。

稳健型

A型血人中有一类性格稳健，这类人由于稳定的情绪而显得成熟，由于沉稳开朗的个性而显得豁达。他们待人温和公正，富有同情心，乐于助人。无论是处理突发事件还是平常小事，都比较稳重，不会自乱阵脚。这种性格的人在人生中，不会因为顺境而张狂，也不会因为逆境而落魄。他们的心态一直很稳定，头脑也很冷静，预料事情的发展客观而准确，并能脚踏实地一步一步地去实现意愿。

谦恭型

大多数的A型血人天生就温和顺从。他们面带微笑，和颜悦色；他们从不声色俱厉，总能顺应新形势。因此，成功的机遇总是跟着他，他们走到哪里，机遇就跟到哪里。人们说他们是不倒翁，任凭风云变幻，他总是稳坐钓鱼船。随和恭顺型性格的A型血人，正应了"虚心使人进步"那句名言，机遇总是光顾谦恭虚心的他们。对领导总是恭而敬之，对领导的批评也能虚心接受。

自私型

一般说来，他们很难交到知心的朋友，这也是其性格中以自我为中心的成分过多的缘故所致。性格自私自利的A型血人，如果掌控不好性格中的"恶势力"，将会一败涂地；反之，如果能克服性格上的弱点则却会收获意想不到的成果。

勤俭型

A型血人中有一类人具有克勤克俭、节衣缩食的风格，他们是当之无愧的理财高手。但是，如果过度节俭，也很容易在众人的眼中留下吝啬的印象，并且也可能使他们陷入只知道简单的财富积累的怪圈之中。

当然，实施节约经营的谋略，应力求事事精打细算。要从一分钱、一度电、一滴油、一两棉纱算起。锱铢必较不仅是理财问题，日积月累，也会成为一条重要的生财之道。

守信型

诚信反映一个人的道德修养，又是一种传统美德。因此，很难说哪种血型的人缺乏信用，哪种血型的人最讲信用。相对而言，A型血人中有一类人具有言出必践、一言九鼎的鲜明特点。他们从不轻易许诺，一旦答应下来就一定会兑现诺言。他们的这一特点，很容易使自己被误解为难以求告的人。

知识链接

随和恭顺的A型血人不仅温和顺从，而且对人还谦恭虚心，这也是他们成功的基石，更是他们成功的秘诀。但随和恭顺型性格的A型血人当中也有胆小怕事的倾向，一点矛盾，一个纠纷都会使他们惊诧不已。他们对有冒险性的工作更是闻风而逃，因为他们习惯于安稳的生活，而一切带有冒险、探索、开拓性质的工作都会打破他们安稳的生活。他们不是主动创造机遇的人，也不是敢于抢占机遇的人，因此，当遇到竞争对手时，往往因为胆小怕事、缺乏信心而坐失良机。在一切都讲竞争的时代，随和恭顺型性格的A型血人必须正视自己的弱点，与时俱进。

谨慎型

谨慎的性格是相对而言的，人人都有谨慎的个性，即便是A型血人，其表现也有所差距。一些性格谨慎的A型血人为人处世非常谨慎，他们内心不相信任何人，包括他们自己，他们总是想好了对策再行动。他们有智慧、有谋略，并善于谋划。他们的人生信条是——先立身，后做事。因此，他们最善于保护自己，无论风浪有多大，他们都能敏锐地预先感觉到，并作出防范。

低调型

低调型性格的A型血人天生就性情温顺、虚怀若谷，他们不喜欢出风头、善于藏拙、无为而治、与世无争、才不外露、难得糊涂。可以说，他们具有老子的"无为而治"的思想和性格态度。

机敏型

拥有A型血且有机敏型性格的人大多头脑反应敏捷，对外界事物的变化感觉敏锐，并能迅速作出相应的反应。正是由于其精明的表现，有时也会被误解，进而难以获得他人的信任。机敏型的A型血人在交际中，能迎合别人的心理，这种人初次与人会面，就能找出对方感兴趣的话题。

融合型

与其他血型的人相比较，A型血人具有较为明显的融合型性格和善于与人沟通、合作共事的特点。一般说来，具有这种性格的人大多性格温和，既不过分保守，也不过分激进。

完美型

每个人对自己做事的要求程度各不相同，这反映了他们的人生态度。相对而言追求完美的人，多属于A型血人。他们遇事喜欢讲道理，不易接受别人的意见和建议。

❋ 判断迅速，直觉敏锐：B型血人的命运之道

B型血人最具有代表性的特点就是开朗、乐观、充满自信；思想活跃、不拘泥于固有的观念、富有创造性、经常反其道而行之、敢做敢当；他们善于协调各种复杂的关系，很得人好感，这对他们的人生和事业有很大的帮助。

乐观型

大多数B型血人天生乐观，他们开朗、充满自信，从不向挫折屈服折腰，也不会因失意而消沉。他们在困境面前表现更多的是一种自信，并能将这种自信感染给周围的人。乐观型性格倾向较为显著的B型血人，内心充满信仰的力量和心安的感觉，这让他们能够去除疑惑，战胜挫折。

敢为型

B型血人当中有一部分人身上具有的敢为性格特别突出，他们性情善变、思想活跃、不拘泥于固有的观念、富有创造性、充满干劲、勇气十足，而且具有强烈的好奇心，勇于冒险、敢做敢当、有决心。他们常能产生一些新想法，并能以此创造新局面。他们对人对事总是抱有一种创造性的态度，能够用新的、与众不同的方法来完成任务，解决问题。

幻想型

在各种血型的人当中，B型血人爱幻想的人数占相当大的比重。B型血人天生的坦率活跃使他们喜爱幻想，而爱幻想的B型血人又有着使其走上成功的才智与时运。

狂放型

在各种血型的人当中都能找到狂放之人，但在B型血人中，性格狂放者居多。如果这类B型血人生活在充满O型血人和A型血人的环境里，容易产生孤独感。但在内心强烈的自我肯定意识的支撑下，对别人的评论毫不在乎，对自己的言行充满自信，敢于承担责任。

怪诞型

内柔型的B型血人具有"怪诞"的天性。他们有点小气，但更有才气。给人的第一印象是难以接近、冷漠无情，而事实上，他们坦率、温和、体贴，非常有主见；一旦与之相知相交，会发现这个人鬼灵精怪，主意特别多，说话也很风趣。

反叛型

性格反叛大多会表现在B型血人身上，这一类人从不受制于陈规陋习，敢于逆流而上，经常反其道而行之。他们敢于打破常规，另辟蹊径，踏入别人不敢问津之地，以归纳的、宏观的、直觉的眼光对待一切事情，运用自己的视野和想象来实现自己的目标，借助叛逆性和离经叛道的态度，达到自事业和领域的顶峰。

交际型

在协调人际关系方面，B型血人显然优越于其他血型人，他们不愧为人际关系的高手。善交际、性格灵活、富有协调性是B型血人的显著特征。

他们善于协调各种复杂的关系，洒脱好动、感性灵敏、喜欢出风头、有强烈的表现欲，而且适应能力较强，行动也极为迅速，善于团结别人，很得人好感。

"八卦"型

"八卦"型的生命本质是由"多话、草率、爱表现、挖苦、夸张、反复、乐观"七大元素所形成的。这类型的人物，大都是表现欲十足、爱出风头的顽皮鬼，经常搞怪、老是搅局，可为这冷漠而疏离的变态社会增添些许诙谐的气氛。

"八卦"型的人非常爱热闹，是团体中制造笑话的高手，容易夸张事实的成分，善于肢体、语言的表现，且具有运动天赋。此外，他们崇尚自由，乐于和陌生人打交道，虽偶尔会有意气用事、卖弄风情、说人是非，但仍不至于带给旁人太糟的印象。

意志坚强，广交善结：O型血人的命运之道

O型血人好胜心强，乐于交际，既现实又浪漫。他们会为了实现梦想而不断地努力，一旦事业成功会被人认为是"英雄"式的人物，如果遭到挫败，将会摔得极其惨烈。

倔犟型

倔犟的O型血人中绝大多数心善，有正义感，他们敢于打抱不平，敢于扶人于危难之中，所以倔犟的O型血人不乏朋友，甚至是"铁杆"朋友。一旦他们遇到麻烦，出面帮忙的人很多，会出现很多令人感动的场面。

但倔犟的O型血人处理不好与非朋友的广大群众的关系，因为他们给人的印象是不好接近、冷漠。他们对看不惯的人会丝毫不留情面，甚至对异己者，他们会变本加厉，闹得不可开交，所以他们对那些让自己瞧不起的人也不想深交。

自信型

自信型性格的O型血人通常有着自信、自负和锋芒太露的倾向。自信是一种好的性格，一个人要想干好一件事，必须首先相信自己的能力。但自负的人易高估自己，自以为是，实际并不像他自己想象的那样；而锋芒太露的人则把自己的能力、才干过分地张扬。

这三种性格表象涉及对自身能力、才干怎样合理定位，自信的人表现为相信自己的能力，但表现谦虚、不自诩，是成功者的性格；而自负不可避免地导致自己堵自己的后路；而锋芒太露令人厌烦，到处树敌，容易招致失败。

勇敢型

勇敢的性格大多体现在一些O型血人身上，对于具有勇敢型性格的O型血人来说，胆量就是事业成功的机遇。他们只要认为自己的想法可行，就会毫不犹豫、大刀阔斧地去实行，决不会拖拖拉拉迟疑不决。

机遇可能来自于一项需要冒险的工作，当别人犹决不绝的时候，他们会立刻作出决断，大胆承担起来，很可能这就是改变自己命运的关键性时刻。可以说勇敢型性格的机遇是冒险干出来的，是舍命干出来的，他命里注定得从事像走钢丝一样高风险的事业。

易冲动。敢干是勇敢，值得称赞的；冲动是不理智，令人反感的。人在冲动时，便失去了正常的理智，因此会说伤人的话、泄密的话、侵犯人权的话，等等。

鲁莽。鲁莽是勇敢型性格的又一消极表现。这种性情的人，有时说话不考虑后果就脱口而出，做事不深思就出手。这些看似"小节"，其实都会在瞬间毁掉前程，造成的恶果令人悔恨终生。有时人们对他们办的好事记不太清，倒是对他们的一次鲁莽行为永记在心。这一点如不高度重视并加以改正，机遇就会被你吓跑。

疏忽大意。千里之堤毁于蚁穴。勇敢型性格常为一点疏忽而悔恨不已。最典型的场面是走出考场的考生：有人忘点小数点；有人小数点点错了一位；有人一道题还有一句话没有看见；有人甚至漏了一道题没发现……这些疏忽可能影响这个考生一生的前途。因此，勇敢型性格的O型血人不能满足于大而化之，还应养成办事认真的习惯。

自负型

孤傲、自负，很难接受别人的意见和建议是自负型性格O型血人的特质。而形成这种性格的主要原因除天生外，就是由于后天的成功经历造就了这种性格。具有这种性格的一部分O型血人，通常比较聪明，这也是他们自我张狂的原因所在。正由于此，他们很难有真正的知心朋友，因为他们只需要对其言听计从的人。

坚忍型

坚忍型性格的O型血人通常情况下以自己的坚强意志为荣，甚至在遭遇挫折时也认为虽败就荣。他们通常认为相互谦让是和稀泥，退让妥协是投降。这种错误观念通常阻碍自己的成功，让许多机遇悄悄溜走。例如，商务活动中的讨价还价，双方必须都有让步才能达成一致。如果你固执地不肯让步，视让步为投降或出卖己方利益，那可能就丧失一次可以赚钱的机会。

直爽型

性格直爽的O型血人有着大方、粗犷、诚实耿直、爽快的特点，但有时也因为太直来直去，不够委婉而造成许多失利。性格直爽的O型血人交友一般希望对方坦诚，如果一方坦诚而另一方遮遮掩掩、拐弯抹角、藏头露尾，他们是很难交流下去的。

好斗型

O型血人天生就兼顾理性与意志，其中有些人极端好斗，而又狡猾异常。他们之中的实力型人物，看似玩物丧志，实则顽强拼搏，他们灵敏且果断、待人温和，被上级信任赏识后，有可能会成为上司的上司。这类人喜欢照顾他人，为他人尽心尽力又决无怨言。

由于不服输和充满自信的个性，他们决不轻易屈服他人。一些好斗性格表现较为明显的O型血人，他们不仅具有狮子的威猛，也具有狐狸的狡猾。他们既有英雄气概，又有狡诈心态。他们对环境的适应能力非常强，好竞争、逞强好斗、以斗为乐。他们是方法制胜论者，善于行动、聪明，不管处在任何场合，决不轻言失败，非常执著地一拼到底。

知识链接

O型血人的时尚观念

O型血人对流行、时尚的敏感度特别强烈，不仅照单全收，甚至会去改良出更炫、更酷的事物。O型女性的穿着特征比较偏向中性，而非全盘女性化。她们总是偏爱具有个性化的款式，且能根据种种新流行风潮，自行设计属于自己风格的衣着。

✳ 敏感善变，敢于冒险：AB型血人的命运之道

AB型血人大多数人敏感，易感情用事，缺乏耐性，最具有冒险倾向；遇到挫折易忧郁、悲观，情绪善变；执著，坚持追求心中的目标；见风使舵，见机行事，极善于伪装和钻营，因此容易获得成功。

敏感型

拥有AB血型特质的人，感观相对而言要比其他血型人敏感。有一类AB型血人想象力丰富，敏感柔弱，易感情用事，神经过敏，不冷静易冲动，缺乏耐性。那么这一类敏感型性格的AB型血人要在事业上取得成功，重要的一点就是要了解自己的性格特征，善于扬长避短，要立大志，起点要高，志向要远。只要能矢志不渝地向着目标志向前进，定能取得成功。

悲观型

具有悲观性格的AB血型的人，天生低调、性情温和，无攻击性，但常表现为神经质。遇到挫折易忧郁、自闭、悲观。他们时常是对什么都不感兴趣，总是一副忧心忡忡的样子，对前途缺乏自信，也没有前进的动力和勇气。

圆滑型

AB型血人中有一类人天生具有自我表现欲强烈、能言善辩、行动激烈、易见异思迁的性格。他们貌似憨厚，一旦为人所激，则会立刻做出激烈反应，有不压倒对方决不甘心之势。但他们思维敏锐，行动变化自如，一旦下定决心，必采取果断行动。

幽默型

在AB型血人中，有一类性格清灵幽默的天才，他们有强烈的自身优越感，他们与世无争，其实是一种对世俗世界的"蔑视"。他们的"小情调儿"性情是丰富的，但他们缺乏豪气，更缺乏责任意识。

冒险型

AB血型是最具有冒险倾向的血型。AB型血人中有一类人，他们天生爱好冒险，不懂瞻前顾后。他们对自己现状不满，是个理想主义者。而为了打破现状，势必会走上冒险这条路。他们给人的感觉又是矛盾的，有时大胆轻率，有时小心过度；有时忍耐心极强，有时也挺没恒心；有时行动敏捷，有时疑神疑鬼；冒险是主流，有时也会沉湎于小小的成功。

> **AB型血人的时尚观念**
>
> AB型血人对流行、时尚的敏感度还不差，但这并不表示他们会欣然接受。相反的，他们对不喜欢的东西会提出严厉的批判。AB型血女性在服装色系上的搭配显得特别留意，她们无特定喜欢的穿着风味，兴趣易发生偏移。

执著型

AB型血人当中有一部分有着执著性格的人，他们坚持追求心中的目标，以前瞻性的态度追求自己的理想，即使付出一生的努力也在所不惜。很多著名的科学家、艺术家、商业家都出自他们中间。总之，他们的动力来自本身而不是外界。他们的人生往往是精彩的，在常人眼中，他们的癖好加上执著的追求所取的成功，往往被认为是不凡的人或天才。

理智型

AB型血人就较为明显具有理智型的性格，他们有着不可思议的敏锐直觉，具有抽丝剥茧般分析问题的能力，个性冷静，不感情用事，情绪沉稳，行事慎重。

主动型

AB型血人相对而言是比较主动的，他们中的一些人行动果断，反应敏捷，积极主动，善于观察，对人体贴热情，慎重心细，感觉敏锐。他们既有客观的准确的判断力，又易受感动，同时又具有牺牲精神。

Part 02
爱情的奥秘：血型中的爱情特质

男女之间的爱情有时像静静的流水，有时像炽烈的火焰。要想得到美好的爱情，要想成为恋爱的胜利者，达到喜结良缘的目的并能过上缠绵的幸福生活，不妨在血型中寻找答案。

爱的火焰：不同血型的爱情热度

血型不同，对爱情的态度也不相同。这听起来有点玄妙，但确实如此。不同血型的人，具有不同的爱情观，对待恋爱、失恋、婚姻的态度也千差万别。

* A型血：内热外冷的被动者

如果将爱情比作火焰，A型血人的爱情则可说是煤球炉的火焰，它点燃和燃烧的速度很慢，始终平静细微。可以说，A型血人待人慎重，大多数人是内心充满激情，却不外露，不断地克制自己。选择爱人时，A型血人比较慎重，不只看外表，还看内心。比较爱面子，最怕失恋。所以，对恋爱比较消极，往往不够主动。

对恋爱比较消极

A型血人表现爱情的方式是逐渐加深感情，暗中关心照顾对方，最后才表明爱情。他们对气氛也较重视，选择爱人的标准是能够像自己一样体贴人、快活、顺眼，能够推心置腹。A型血人对具有自己所没有的优点的人，爱慕之心会更加强烈。

A型血人虽属"慢热"类型，但随着爱情不断发展，达到无法克制的程度时，便会彻底爆发。这时的A型血人对对方百依百顺，完全失去了鉴别能力。遇到这种情况时，A型血人常常因为爱情而使生活走向崩溃。

追求完美的爱情

订婚或婚后，双方情绪稳定下来时，A型血人则开始担心对方同自己性格不合，对对方的举动焦虑不安，产生怀疑和误解，有时导致爱情迅速冰结。尽管所追求的是相互体贴的朴素的爱情，但其完美主义的观点首先会引起自身动摇不定，从而给自己带来不幸。此外，不会同时爱上两个人，也可以说是A型血人的爱情特征之一。

＊B型血：火山一样炽热

B型血人的爱情像火山，虽然同A型血人一样，难以点燃爱情之焰，但一旦燃烧起来则没有方向，无法控制，漫无边际地形成燎原之势，影响面极为宽广。

友情？爱情？傻傻分不清楚

B型血人的男女观念最差，他们大多数人常把爱情和友情混为一谈。他们所追求的是能够尽情玩乐，可以开怀趣谈的恋爱对象，追求朋友式的爱情生活。他们选择恋爱对象时，比较注意外表。相比而言，以平时经常接触的人为多。如果过去是亲朋好友，那就更有可能。

容易碰钉子的痴情者

随着交往的深入，他们希望更多、更近、更长时间地同关系亲密者接触。天长日久，心里逐渐被对方完全占领，只要看不到对方就心神不定、焦急不安，最后甚至抛弃生活和一切，去追求对方。B型血人的这种炽烈爱情有时甚至发展到痴情的地步，总是希望恋人终日厮守在自己身边。为了达此目的，什么都可贡献。不过，这样做往往照顾不到对方的情绪和情况，所以容易碰钉子。

面对失恋与婚姻

失恋对B型血人来说，如同戒烟戒酒一样痛苦。但是处理得当，也不会留下任何创伤。B型血人婚后一般都会再次表现出那种推心置腹的朋友式的爱情。只要不发生意外，双方感情会越来越深。

*O型血：来得快去得也快

如果把爱情比作火焰，那么，O型血人的爱情就像燃气灶的火焰，燃烧起来美丽壮观，比较专一。而失恋时只要及时关闭火焰，就一切风平浪静，将之忘得干干净净。

追求爱情不择手段

O型血人追求爱情，常把相爱的情侣作为自己的私有财产占有。女性的爱情是为了追求实力和保护，其爱情表现为爱抚和全心全意的爱，一旦看上对方，会不择手段地追求，希望早日得到对方的爱，实现自己的愿望。可以说，她们的恋爱成功率是最高的。

一见钟情的现实主义者

O型血人往往一见钟情，其直接观察能力和自信心确实很强，追求对方时，其特点是语言表达大胆、浪漫、直接，有时劲头很足，如有情敌，则更加拼命地追求。但是，O型血人不会为了追求对方而采取脱离现实的做法，有维持个人最低生活水平的自制能力。

冷静大方的爱情方式

在对恋爱对象进行选择时，O型血人非常重视对方的才能和生活能力。当发现对方这方面的能力不强时，恋爱热度会骤然下降。对年龄和地位相差较大的对方，有时产生慈爱或母爱。结婚后则表现出O型血人天生的那种冷静大方的爱情方式。

✻ AB型血：像彩虹一样绚丽多彩

AB型血人的爱情似彩虹一样绚丽多彩，有种华而不实的感觉。因此，AB型血人对失恋就像吃馒头时掉落一点馍花一样，完全无所谓的感觉。

不会独占对方

AB型血人心仪的对象
① 清爽、典雅者。
② 深具艺术、美学细胞者。
③ 穿着讲究、举止不凡者。
④ 谈吐知性、感性者。
⑤ 个性独立、注重形象者。

AB型血人不愿过深地介入一切事情，一般对特定的某个人不会痴迷，只是把恋爱对象当做平时快乐相处的众多人中的一个，认为最理想的伴侣是值得信赖、不见异思迁的人。

他们独占欲较少，被对方独占时心里也不快乐。而且，当对方本能地流露出爱情时，很多AB型血男性或女性都会表现得令人大失所望或者厌恶至极。他们希望在某个集体场合中同对方接触，自然地产生爱情。由于缺乏主动性和积极态度，不谙恋爱之道，所以不少AB型血人较晚婚。也就是说他们在婚姻方面是低能儿。

对爱情抱有幻想

AB型血人尤其AB型女性，对爱情抱着美丽的童话般的幻想。她们偶尔遇到比较现实的男性，便开始童话般的恋爱。在恋爱过程中，毫不计较个人得失和对方人品，完全陶醉在爱情的烈火中。虽然婚后如梦初醒，感到有些失望，但一般人还是能合得来。AB型血人重视容貌和气派。女性多喜欢威武健壮的男性，男性则很喜爱可爱的小巧玲珑的女性，双方的爱好稍有差距。

爱情的奥秘：血型中的爱情特质

缘分对对碰：谁能与你牵手一生

你和心仪的他（她），会有怎样的情感碰撞？不同（相同）的血型，会开始怎样的一世情缘？快来走进血型与缘分的碰撞与交织中吧！

✻ 情缘碰撞：不同血型的爱情缘分

当A型血遇到A型血，会碰出怎样的爱情火花？当B型遇到O型，能否找到触电的感觉？当AB型血遇到B型血，是否能情牵一生……

当A型血遇到A型血

血型为A型血的人，无论是朋友还是情侣，都要求对方扎实可靠。其严格、细致和完美主义的观点往往造成双方精神上的烦恼和疲劳，成为难以相处的障碍。但是，由于对工作、生活和他人的态度比较一致，故有时也会产生共鸣，逐渐地使双方的信任和尊重得到加强，进而成为一般关系的朋友。只有陷入窘境，感到对方同自己一样理解人、体贴人时，他们才会产生强烈的信赖感和安全感，使双方很快地成为知心朋友或情侣。

当B型血遇到B型血

由于B型血人有两面性，所以，B型血人有彼此吸引的可能。但是，大部分B型血人之间可能不会相互感兴趣。由于都比较呆滞，故接触机会较少；由于都不够注意，故彼此认识不深。不过，在相识以后，则能够心心相许，加上兴趣基本相同，所以感到彼此谈得来，从而可建立长久而稳固的朋友或情侣关系。如果在事业上合作，则能够活跃地、积极地开展工作，但合作默契较差。当经验差距较大时，则能结成良好的师生关系；年龄差别较大的男女之间，有时会从师生关系发展成为恋爱关系。

当O型血遇到O型血

同为O型血人的双方在自我表现和个人主张方面都比较强烈，彼此吸引的魅力较少，甚至刚开始碰面时就讨厌对方。容易成为激烈的竞争对手，男女间的爱情较难产生。但是，当由于工作或其他原因，有了强烈的共同语言，思想和意识形态比较一致的时候，便会产生强烈的志同道合感，从而结下非常稳固的友谊。

当AB型血遇到AB型血

在交往方面，互相都不感兴趣。特别是AB型血女性异常地讨厌AB型男性，认为他们有失男性的风范。双方都喜欢议论别人，彼此挖苦、相互取笑，因此，很难建立稳定的友谊或爱情关系。如果只是在工作中搭成伙伴，在短期内可以卓有成效。但是，如果失去上下级的差别，双方便会各自为政，散伙分家，很难维持长期稳定的合作关系。

当A型血遇到B型血

B型血人做事比较粗心马虎，A型血人有时对此厌恶。但是，B型血人特有的蓬勃生机的活力对A型血人来说具有很强的吸引力。A型血人愿意帮助人，B型血人对此有好感。如果分工合理，在生活工作中会各施其才，很好地合作，成为可信的伙伴或伴侣。但是，当A型血人和B型血人一起做同一种工作时，往往产生对立的想法和观点，易引起争论。A型血人对B型血人既有魅力又带来反感，双方的关系起伏较大。

当A型血遇到O型血

这两个类型的人彼此吸引和结合的因素很多。O型血人感到A型血人身上有自己没有的优点，而A型血人则羡慕O型血人的交际能力。O型血人的单纯给A型血人以轻松、快乐的感觉，A型血人的细心温柔使O型血人的感到舒心。只是A型血人喜欢吹毛求疵，往往会使O型血人低沉自卑；A型血人过于保护对方，从而过多地造成自身不满。这时候，O型血人和A型血人的结合会出现分裂的危险。

当O型血遇到B型血

O型血人对充满活力的B型血人非常感兴趣，B型血人则感到O型血人的实在和自我表现是可信赖的。双方都肯定对方的才能，因此比较容易接近，结交的机会较多。异性之间，特别是B型血人容易热恋对方，朋友之间的友情也较深。但是，当受到外界压力或处境被动时，双方一致对外的能力较差。当O型血人发现B型血人能力不大时，便会突然提出分手。

当A型血遇到AB型血

AB型血人温柔体贴，百依百顺，与A型血人相似，而且比起较重感情的A型血人来，更为理性，A型血人对此感到非常放心。AB型血人则认为A型血人心地诚实善良，有骨气，有气质。男性AB型血人有时感到女性A型血人活泼勤快，双方相识时虽然比较平静，但能够建立更亲密的关系。

AB型血人对A型血人也可产生保护作用，但是如果保护作用做得不好，A型血人则会感到AB型血人难以捉摸。A型血人厌恶难以捉摸的AB型血人，而AB型血人也轻视过于拘谨的A型血人。尤其是处于上下级关系时，由于AB型血人缺乏主动的保护观念，双方很难处好。这时候，完全改变工作的分工，只在感情上进行一般性接触，双方就可以维持和谐稳固的关系。

当B型血遇到AB型血

双方都能觉察到自己与对方的差异，所以彼此能和睦相处，能够理解对方的不同想法，彼此有较多的相同感受。此外，双方不同的个性和兴趣也会给对方以适当地刺激，使双方在文化方面成为挚友。男女之间表面上没有太多的好感，但是一经交往畅谈，便会产生甜蜜的爱情，建立一种静谧的恋爱关系。

当O型血遇到AB型血

O型血人觉察到AB型血人身上有一种充满智慧的魅力，对此有时评价过高。特别是男女之间，O型血人有时炽烈地追求对方。AB型血人感到O型血人爽快、耿直和诚实，当认为对方有可靠的生活能力时，容易与其建立亲密的关系。O型血人的现实主义和AB型血人的合理主义如果配合得好，则可创造出奇迹。O型血人的浪漫和AB型血人的幻想如果发生火花，双方的交谈则会极为轻松快乐；如果不发生火花，O型血人的热情、强烈欲望和非合理性便会同AB型血人的清高、恬淡和合理性发生冲突，有时甚至使双方形同水火，结为冤家。尤其是O型血人，其强烈的反面则是失利时的伤心绝望。所以，只有相互不抱太大的希望，避免过深的交往，才能长久相处，共创双赢。

✲ 寻寻觅觅：找到最适合自己的伴侣

了解了对方的血型也就是了解了对方的性格及爱情的色彩。透过血型看对方，可以使以前隐约感受到的对方的形象及气质和做人的理念清晰地显现出来。把自己的血型与对方的血型对照，有助于你找到最般配的伴侣。

低调的A型血男性

由于A型血人天生温顺、通情达理，富于牺牲精神，所以A型血男性外表给人的印象是办事严谨仔细，讲究衣着整洁。由于他们稳健而又尊重社会规范，因而能使自己的妻子感到安心。他们非常在乎体面，在外面总要努力保持精神集中。而在家里他们也常常是面色低沉，沉默不语的样子，由于他们有话不说，因而使得感情显得更为复杂，一旦到了他们觉得不能容忍的地步，就会如山洪暴发一样彻底发泄。因为是长期忍耐的后果，所以A型血人很难一时平静下来，而且他们的发泄令人感到不知所措。

谨慎的A型血女性

A型血女性虽不活跃，但会使人感到具有亲和力。她们能够注意与周围的人协调一致，和睦相处。然而她们太注意体面，常常陷入虚荣心太强的危险境地。虽然她们并不想引人注目，可是无论干什么，只要赶不上一般人，她们就会辗转难眠。她们总是为丈夫和孩子的事以及将来的事情杞人忧天，总会表现出担惊受怕的样子。

意志强的O型血男性

O型血男性有积极的上进心，总是以"更进一步"为目标，富于拼搏精神。由于他们多是能干的人，所以就很容易树立竞争对手。然而，他们通常不在乎周围有什么气氛，对别人的评论也不感兴趣。正因为这样，他们给人们的印象就是待人非常傲慢。不过，他们并不缺少对社会人情义理的了解。在家庭当中，他们可以说是顶梁柱。由于他们多强调理性，因而一方面他们有着乐于接纳合理意见的长处，在另一方面他们又有着不善于体会别人感情细微变化的缺点。当他们强烈地表现出单纯而顽固的性格时，也许会使人感到他们是难以形成亲密关系的人。

固执的O型血女性

有固执性格的O型血女性会使人感到她们是不太富于女人味的人。她们往往是心直口快，至于细心考虑，她们很少拥有的；对于他人的情感指数也不够敏感。也正因为这样，她们对于事情的看法一般较客观公正，就是对自己的丈夫和子女，她们也能站在客观的立场上提出劝告。不过，对于她们的好显露也实在难办。由于她们总是觉得管闲事是自己的神圣职责，因而不太注意是否会给周围的人带来麻烦。

坦率的B型血男性

对坦率的B型血男人来说，即使遇到一些挫折，他们也能坦然地面对，表现出B型血男性的性情直爽的气质特征。他们往往不善于对事物进行细致复杂地思考。由于他们不拘泥于传统，因而就成为极灵活的人。不过，正由于他们充满为人服务的精神，他们的爱夸张也会造成很多误解和是非。也许对他们的意见只听取一半，就正好可以领会他们的意思了。

爽快亲切的B型血女性

只要有B型血女性在身边，就会使周围的空气变得新鲜怡人。她们常会表现出一想起什么就心神不宁的性格。她们待人非常亲切。然而她们总是按目前的心情采取行动，因此，即使是昨天擦过的皮鞋再让她们擦这样的小事也会成为夫妻吵闹的原因。当她们遇到伤心事时，往往会大哭一场，随后又变得似乎什么事也没有发生过一样。如果使她们的行动局限于某个框架，有时也会伤害B型血人固有的那种事事无忧的性格，从而陷入疯狂作怪的状态。

能干的AB型血男性

能干的AB型血男性在外面往往是亲和型的，做事也很忠实、细心，很少出现失误。尽管很有实力，但往往不轻易表露出来。虽然他们有着很强的自信心，但从不故意表现出来。他们还善于和他人保持一定距离，常常会迅速地避开那些对自己没有益处的人，减少正面交锋的机会。

有个性的AB型血女性

富于个性的AB型血女性是很多的。她们的感受能力非常强，能够很快地把握住对方的想法。对那些不利于自己的事情往往会做出无所谓的样子，假装不了解。从这个意义上，或许可以称她们是顽皮式的人物。在她们当中有很多人，一方面强烈地想让别人理解自己，从而得到关爱；另一方面，他们表面上在为他人如何考虑，实际上是要按自己的意愿生活下去。

相爱容易相处难：血型告诉你如何去爱

爱一个人真的好难。这是千百万痴情男女共同发出的伤痛的感慨。古往今来，有多少人甘愿为爱情而折腰者。但他们总是忽略了血型产生的魅力，了解你的血型，它会给你一个满意的答案。

小心保守的A型血人

小心保守的A型血人希望恋爱与结婚是一致的。也许最初因为小心保守而并不很积极，一旦爱情的火花有了燎原之势，其自身的态度也变得主动。若真爱上他，则对方的一切都不是问题，是个宁可"粗茶淡饭也无所谓"的典型例子。

积极行动的B型血人

爱行动的B型血人谈恋爱时，属于积极主动的类型。当恋情确立并拥有共同的平和关系后，自然能真诚相待；但在内心深处，却不易多花心思去追求双方的结合，即心中依然清醒如常。但你若仍爱摆架子的话，将迫使对方转头而去。

热衷恋爱游戏的O型血人

社交性强的O型血人在恋爱中会因为某场合的气氛而突然改变自己的态度，若碰到稍微令自己感动的场面，容易陶醉其中，无法自制。但恋爱不是游戏，你必须修正自己原有的轻浮。

容易受伤的AB型血人

AB型血人认为恋爱与结婚是统一的。AB型血人对异性十分关心，对恋爱中的对象有着深刻的专情，因此失恋或婚姻失败了，便最容易受到伤害。AB型血人要选择意中人首先必须了解对方是怎样一个人，还要知道其对自己的印象观感如何，这里所讲的爱情培育方法一定会使你有所收获。

追求百分百的成功：爱情指数看血型

女性和男性的友谊萌发之后，能否深入下去达到恋人的关系，取决于女方态度是否积极。但爱情究竟如何紧张，如何将爱进行到底，通过血型就可以找到其中的答案。

当A型血男性遇到A型血女性

男女双方都是A型血人时，稍微谈谈话，表面上就能感到互相之间是否令人满意。甚至双方还不曾有正式约会，就会因为越来越有好感而感到害羞。可是，如果彼此总是沉默则无法发掘爱情，甚至连朋友也做不成。也就是说，如果谁都不去抓住最初的机会，那么双方就永远是处于平行线的状态。其实，在爱情中如果主动些，成功率就高得多。

当O型血男性遇到A型血女性

O型血男性是很有男子汉气概的人。对A型血女性来说，他们是不会因为女性是异性就会轻松地接近她们。他们很容易忽视对方的心理活动，我行我素。这种人让A型血女性感到与之交往是一种幸运，但是要使好感发展为爱情，牢牢地抓住对方的心，就必须很尊重他们。

当B型血男性遇到A型血女性

对A型血女性来说，和B型血男性交往几次，就会发现他们是很有魅力、近乎理想的男性形象。如果有这样的看法，女性就应该始终默默地追求下去，不要多嘴多舌，不要装模作样，要按自己的本来面目做人，连缺点也不掩饰。这样，男性多半就会被A型血女性的精神世界所吸引。这种情侣将精神上的结合持续下去，互相启发，会使彼此的联系更深更强。要让精神上的结合保持下去，条件是女性赏识男性所做的一切而不瞎操心。

走进爱的圈套

值得注意的是，A型血男性不要讲那些令人倒牙的恭维话，不要遇事就非得夸她一句两句，要用另一种表现方式来表达自己对她的称赞。如果想让他人看出自己的冷淡，可用冷静、理智的态度摆出淡然的样子；当然，如果发现对方哪怕很少的优点，也要真心地赞美。这就是最谨慎的表现。O型血女性喜欢直来直去，只有这样，两人之间的坚强纽带就连接起来了。

当AB型血男性遇到A型血女性

对于寄予好感的AB型血男性，A型血女性会下意识地考虑要不要顺从？这么一来，或装腔作势地遮掩，或追求虚荣，或高傲，或卑屈，或假装漠不关心，或故作冷淡，都是不好的做法。如果总持这样的态度，大概用不了多久AB型血男性就会对她产生厌恶。一般AB型血男性喜欢态度漫不经心、情绪舒畅、悠闲自在的女性。他们会感到态度谨慎、言语温和、不使性子的A型血女性更有魅力。她们没有狭隘的女人味，行动时很能顾及对方的心情，这是比什么都重要的。当A型血女性在有节制的态度中注入温和亲切的情意，AB型血男性便觉得心中轻松而温柔，会和那位女性相恋起来。

当O型血女性遇到A型血男性

O型血女性很讨厌举棋不定、态度暧昧的男性。如果一个男子想和她交往，但态度又不那么积极，这时她会感到被轻视，对对方毫无兴趣。A型血男性是态度腼腆的人，虽然也具有一定的魅力，但过分腼腆就会令人扫兴。所以A型血男性在发掘与A型血女性的爱情时，首先要清晰地展示自己，让对方理解自己眼下在想些什么？一旦感情开始交流，A型血女性就成为与自己保持长期友好关系的另一方，此后再让人看到自己的羞涩也不迟。

当B型血女性遇到A型血男性

B型血女性虽有男性的风采，行动果断，但又总是胆怯地试探着与他人交谈，有照顾他人情绪的温和和细腻。每次约会，B型血女性都会显露出新鲜之处，一想到能拥有如此迷人的女性，A型血男性便会心旌摇荡。但是，当A型血男性认为似乎有一点希望时，又会马上觉得十分渺茫，感到放心不下。这是因为A型血男性被B型血女性刺激起了自我保护的心理本能。他们往往不能一口气地穷追不舍，而因害怕失败而退入患得患失的忧虑当中。这就是人们所熟知的任凭感情驱使而不能自我抑制的缘故。A型血男性也期待着对方痛痛快快地言行，期待着对方能给予自己什么。然而在内心，他们对B型血女性异常清醒，抱着到头来不过是被耍弄一番的态度。

当AB型血女性遇到A型血男性

AB型血女性举止温柔、态度谨慎且有条不紊，有自己的意见和想法，是能够明确提出自己主张的一类人。可是，与之交谈便会发现她们并不是倾向于和男性意见公开唱反调的女性。在进行爱情发掘时，如果A型血男性一味自以为是，一心想让女方服从自己的意志，做未来由丈夫当家的美梦，结果是会闹出误会的。一般来说，按照第一印象，A型血男性会认为AB型血女性个性强，对男性不够认真和体贴，因此不会成为爱慕的对象。

A型血男性放弃大丈夫当家的愿望之后，要竭尽诚意地对待女性。事实上，不论男性怎么把女性置于中心地位，百般热情，她们也不会成为言行高傲自大的人。如果男性有魅力，她们就会全身心地依赖你，结果便会在事实上形成A型血男性主持一切的局面，尽管双方还是朋友关系。但值得注意的是，如果A型血男性与AB型血女性相识没几天就说"爱"之类的字眼，可能会使对方踌躇不前，彼此长期虚耗光阴，停滞在"熟人时代"。

当B型血男性遇到B型血女性

B型血男女互相有了好感，就会自然地开始爱慕情感的交流，可是如果不继续抓紧的话，两人的感情就不能进一步发展。这样最初的甜蜜感与充实感就会逐渐地消失。如果B型血女性带着女性的成见，即"等着男方积极主动"，这样将会为错失良机而懊悔。如果被拒绝了，不要胆怯和不知所措，这时要提醒自己："不要紧！努力用自己的诚意去感化对方，就一定会得到理解，一定会成功。"对于B型血女性而言，除了满怀信心地交往，没有别的办法。一旦下了决心，就要果断地采取对策，犹犹豫豫无助于问题的解决。能够吸引B型血男性的绝不是患得患失，毫无主见的女性。

当O型血男性遇到B型血女性

O型血男性把B型血女性作为快乐健谈的朋友，有时间的话，可常常一起喝茶聊天。不过，他们容易忽视B型血女性对自己的恋慕之情。B型血女性平时总是比较自由自在地行动，可是到了思考周密的O型血男性面前，就像变了一个人，言谈拘谨，自乱阵脚，因此不易给人留下好的印象。这时，B型血女性最好静下心来想想自己的长处和特点，并且用自己的特点、长处自然地与O型血男性相处，这样才会打开局面。不过B型血女性有意炫耀所谓女性特点也不会有好效果。最好的是既具有女性特点，又具有很好的思考力和生活能力。

当AB型血男性遇到B型血女性

AB型血男性有人情味，富有魅力，使人看到后感到"啊，真棒"！但是他们比较内向。AB型血男性对于B型血女性的接近如果不是感到特别讨厌、不舒服的话，就会热情地对待对方，快乐地与之交往。如果已经证明他是向你求爱，一定要演哑剧皮埃罗的角色，不要声张，最好是默默地在他身边，这样就可自然地打开话题。言外之意指，交往中，B型血女性不要说这说那，而是尽量让男性说，自己只默默倾听亲切地关怀，温存地照顾，这样AB型血男性就会积极主动地接近你。这时再做出回应也不晚。

当O型血女性遇到B型血男性

O型血女性给人的感觉是，短时间的接触不易成为朋友，只有长期交往才能建立良好的关系。这是因为O型血女性和O型血男性的共同点多，感受上也有很多男性倾向。B型血男性易被逐渐展示自己特点的O型血女性所吸引。O型血女性看不起没有能力的男性，不愿与这样的人交朋友。

如果B型血男性与之有某种共同的专业知识或兴趣，便可以打开突破口，从好朋友发展到恋爱关系。如果两个人燃起爱情之火，同心协力，有理想，有事业心，关系就能深入。B型血男性必须牢记这一点，脚踏实地努力地走下去。

值得注意的是，B型血男性切忌因为自己是男性就炫耀自己。所谓"一家之主"，这句表示男性恋人、情人和丈夫的古语，对B型血男性来说要以实践的精神来对待才好。最好对此报以谨慎、反省的态度。这对B型血男性也许很难，但如果不这样做，两人的关系就不会圆满地持续下去。因为，对O型血女性来说，做的比说的更重要。

当AB型血女性遇到B型血男性

B型血男性与AB型血女性初次见面或接触了几次，经过交谈，就会惊奇地发现，AB型血女性身上既有与自己酷似之处，又有与自己迥然不同之处，令人感到一种说不出的魅力。

B型血男性一见到AB型血女性，与其说是接触异性，不如说是有一种投入母亲怀抱一样的安全感。不过如果怀着依赖的心情去接近她们，就会遭到AB型血女性强烈地拒绝。

当O型血男性遇到O型血女性

对于两个O型血人来说，由于他们相互之间拥有共同语言，抱着同样的志趣，所以只要以某个人为媒介，缩短他们之间的距离，使他们亲近一些，他们立刻就能成为很好的朋友。然而，作为异性间的接触，是否能够被对方看做感情对象则是另一个问题。这是因为对方往往感情平淡，没有什么缠绵之意。而且，越意识到对方是O型血男性，O型血女性就越容易毫不畏缩地采取行动，这时O型血女性总会认为在男女之间所造成的那种紧张感是无所谓的，也就尽情地表现自己，显出很不客气的态度。尽管她们也意识到那样表现自己是很令人讨厌的，但遗憾的是她们已经不能自持了。

当AB型血男性遇到O型女性

对于O型血女性来说，她们对AB型血男性的第一印象往往都会很不错。然而，若是O型血女性急于想引起AB型血男性对自己的关心，是会导致失败的。如果总是通过写信、送礼物、约会等各种方式单方面积极地活动，就好像是要强加于对方似的，总有些以物质性的东西来表达自己心情之嫌，这样就会使男方感到不安。因为，对于AB型血男性来说，只有那些不以礼物和外表取悦于人的、牢固地保持自己善良之心并能够感受到对方细微变化的女性，才能真正地吸引他们。如果被看做是能够共有精神世界，O型血女性即使沉默寡言也会受到男方的热情对待。

当AB型女遇到O型血男性

无论做什么事，只要O型血男性想达到目的，就必须矫正自己的个性，但完全失去自己的特色更不会成功。在男女关系上也是一样。当O型血男性出现在AB型血女性面前的时候，总会失去自己的特色而变得消极起来。畏首畏尾的男性是不会有吸引力的，也不会得到女性的好评。如果O型血男性能充满自信，以随时都准备保护女方的姿态和对方接触，就会开辟一条成功之路。

当AB型血男性遇到AB型血女性

相同血型的AB型血人，偶然碰到一起，互相自然地交往起来，这是常有的事。只要双方找到话题，很容易相互理解，而且很快就能亲热起来。双方应该摒弃那些毫无价值的虚荣，直爽地说出自己的心里话，因为装腔作势是无济于事的。就AB型血女性而言，如果不肯暴露自己的本质，有所保留不讲真话，缺乏客气温柔的态度，就会给双方的关系带来不好的影响。因为对方很注重举止，所以，与其哗众取宠地造作，不如朴实无华地相处。比起爽快，对方还是喜欢冷静、稳重的性格。如果想真正打动对方的心，就应该留心于平常的小事，要多接触，这样才是高明之举。有的异性之间，虽然接触的机会不多，但由于共同点颇多，随着相互进一步接触，自然也会产生出男女之情。

当B型血女性遇到AB型血男性

女性采取含糊、暧昧的态度，不是因为她们感情还不明确，AB型血男性应该明白这是B型血女性对男性寄予好意的表现。男女之间交往时，就是这样的。AB型血男性，如果想在不违背自己意志的情况下寻找一位B型血女性朋友的话，就必须坦率地表达自己的心情，也可以在行为上反映出自己的想法、打算。因为对方有洁癖，所以AB型血男性在发挥自己所长之时，一味随心所欲，而无任何防备，这样就会显露出缺点，使对方反感。因此，无论在什么时候自重都是必要的。

知识链接

当AB型血男性遇到O型血女性

对AB型男性来说，O型女性是难得的女伴，这一点在没失去时是不会清楚地感受到的。所以，AB型血男性应该伸出手，什么都别说地接受O型血女性的爱情。男方的态度稳定后，O型血女性就会用"姐姐"式的举止，怀着温存的心情，一手承担起男方的各种事情。但不要多嘴多舌、说这说那，因为这样只能损伤对方的自尊心。一定要有所克制，照对方的心意去做，其结果一定是顺利的。另外，在这种状态下，生机勃勃、充满活力的O型血女性显得更有魅力，可以让你重新认识和评价。

Part 03

人脉是金：
血型中的交际魔方

人际关系基本上由气质的相互关系决定，气质大体由血型决定。所以，人际关系的模式很大程度上受血型左右。因此，如果说人脉是金，那么血型就是发现金子的那双眼睛。

对症下药：
不同血型的交际攻略

血型不同，性格、气质自然千差万别，只有掌握了不同血型人的性格特征与交际特点，你在与他们相处的时候才能游刃有余。

* A型血人的你：需要积极的交往态度

A型血人的长处在于控制自己情绪，影响周围气氛，注意是影响，不是控制，因为要控制交际氛围，还需要更积极的交往态度，A型血人在这方面比较欠缺。

A型血人与A型血人相处

当你与A型血的同血型人相处时，由于是同血型，通常会感觉到对方在想什么，甚至想做什么，但也不是绝对的。当你和初次谋面的人接触时，应该提起勇气，与之交谈。一旦发现两人谈得很投机，两个人又都是A型血人，话题会自然地持续下去。交谈并不是一件困难的事，只要你打开心扉，从对方所关心的，或不会造成对方心理负担的话题开始说起，例如，打声招呼、说声再见之类的，每天重复几次，彼此之间自然而然就会形成融洽的关系，也可减轻对对方羞怯的心理。

A型血人与B型血人相处

当你和B型血人第一次见面时，你会发现，B型血人是十分浪漫、能融入周围气氛中的人，有十足的魅力。随着交往的加深，了解深入，你会对B型血人捉摸不定的言行举止感到忍无可忍，对B型血人的交际个性感到不安，或者厌恶。这样一来，你所看到的B型血人，将不再有优点，而全然是缺点；而且你这时将无法睁一只眼闭一只眼，会直接告诉B型血人他的缺点，最终使得B型血人故意避开你，分道扬镳。

其实，人没有十全十美的，不应该只盯着对方的缺点不放，这样你会失去更多的朋友的。因此，在与B型血人相处时，不要处处苛求完美，不要期望太高。因为人非圣贤，尤其是对B型血人这种完全凭感觉做事的人。对B型血人期待愈多，所受到的伤害将愈大。

如果想和B型血人维持长久的和睦关系，就要客气一点，不要光站在自己的立场上为自己考虑。如果没有严重的损失，不要出口非难B型血人。用激烈的言辞去批评对方，圆满的关系将会崩溃。

A型血人与AB型血人相处

A血型的人通常对AB型血人所具有的正义感、想象力充满好感，因而想和AB型血人接近，但是真正接触以后，会发现和想象的不一样，虽然你无法指出哪一点不对劲，但是总觉得感觉不太对，所以你又会急于想和AB型血人分离。对你来说，AB型血人如果很容易了解，将会是很好的伴侣或伙伴，你也会尽量找机会和AB型血人接近，并且用心对待。所以当你和AB型血人相处时，在心态上应保持一个观念，不要操之过急，将会有意想不到的收获。

A型血人与O型血人相处

当你与O型血人相处时，能够成为很好的一对朋友，即使发生激烈的争吵，彼此也不会相互憎恨。你对O型血人的感觉是：能与自己的意见产生共鸣，能支持自己的立场。于是你们之间的关系将急速地发展，你也会觉得O型血人总是能了解自己的想法，理解自己的心情。但是你并不太了解O型血人的心理动向，也无法好好地听O型血人讲话，在与你已成好朋友的O型血人看来，你是谈得来的人，也是一个很好的咨询对象，但是当O型血人觉得不受尊重的时候，强烈的反弹力量将导致两个人分离。

＊B型血人的你：充满感情的行动家

B型血的人淡泊、乐观，乍看起来让人觉得冷漠且不太有礼貌，其实B型血的人向来大而化之，不注重交际手腕，属于个性爽朗、开门见山的人。他对人诚恳，有人情味，非常喜欢热闹。

B型血人与B型血人相处

当你和同样的B型血人相处、交谈的时候，很容易与之沟通。即使是第一次见面，也能放开胸襟，好像前世的知己一般感到十分亲近，无话不说、无所不谈。刚开始交往的时候，只要一分开，便会十分想念彼此，非要电话联络不可，或者写信交换信息，一点都不觉得麻烦。但你们也会产生对立关系，或导致分离。由于觉得相处得太腻了，才会产生疏离感，所以在相处的时候，即使感情很要好，也要保持适当的距离。

B型血人与A型血人相处

作为B型血人的你在认识A型血人，并想与之交往时，往往会以最快的方式来接近对方，尽己所能地与对方交谈，态度也很亲切。但当双方较亲密关系建立后，便渐渐地以平淡又平稳的方式来维持彼此的关系。而这时A型血人会为突如其来的疏忽感而十分烦恼，因为A型血人往往对心理上的反应比较敏感。

B型血人与AB型血人相处

由于你具有精力旺盛的特性，当你与AB型血人交往时，两人结合的力量十分惊人。但别忘了凡事都要有个度，一旦你超过了这个度，对AB型血人而言，会产生排斥感，想予以拒绝。然而对你而言，和人交往频繁而深入时，对对方过分的行动并不会太在意，且会适度地忍耐，并想深入对方较隐秘的生活范围内。

B型血人与O型血人相处

当你与O型血人交往时，会显现出一种完全的非理论性者的姿态，凡事喜好凭直觉，边做边想的倾向十分强烈。而O型血人的个性特征就是重视理论。所以你和O型血人在气质上有种不相融的倾向，但这并不能阻止你们之间的相处融洽。而且在接触中能建立彼此友好的关系，特别是在工作中，O型血人还会成为你的好帮手。

要想与O型血人维持友好的关系，当你被指责自己不懂事时，就应立即改正，下次不要再犯。如果多次给别人带来麻烦的话，你要坦率地承认，不要狡辩，否则别人就会疏远你，甚至不再理你。

★ O型血人的你：固执但富有人情味

O型血人敢做敢当，但由于倔犟和固执，容易倾向个人主义，对朋友总是喜恶分明，颇有人情味。

O型血人与O型血人相处

同是O型血的人既容易成为好朋友，也容易成为敌人。因为气质倾向的类似，很容易惺惺相惜，而又由于气质相似，又会相互排斥，一旦有了冲突，容易反目成仇。因此，当你和O型血同血型人相处的时候，如果想和对方建立更深的感情，除了要对对方的情况有所了解外，更要重视对方的存在，最好的方法是以自然的言行举止与之交往。

然而，一旦面临和同血型人处于对立的情况，彼此一定无法妥协。必须先认清对方的长处和短处，在交往过程中要做到"己所不欲，勿施于人"。如果你想和O型血人维持长久的良好的关系，则在采取任何行动之前，最好保持"退一步海阔天空"的心理，使自己变得胸怀坦荡些，体谅对方的心情，才能和睦相处。

O型血人与B型血人相处

当你与B型血人初次交往的时候，通常是B型血人的交往意愿比较强，但是一旦正式交往的时候，你便能够掌握彼此关系的主导权，一跃成为主角。虽然O型血人是领导人物，但你并不会我行我素、不尊重对方。如果你真心诚意对B型血人好，即使你是主动者，在第三者看起来，B型血人也会以同样的诚意回应你，良好的关系于是建立。

O型血人与AB型血人相处

当你与AB型血人交往时要先清楚，AB型血人的一个特征就是很会看时机，即使AB型血人对你再讨厌，也会主动前来亲近你。在你与AB型血人相处的过程中，你能够发挥互助合作的精神，并在人面前表现出来，分担较多的工作也不以为意，只是后来会愈来愈不是滋味，最后终于对AB型血人充满厌恶感。

* AB型血人：习惯于走自己的路

AB型血人是充满矛盾的自信家和天生和平主义者，很热心地做一些对自己没有利益的事，或为了公众的事而奔波。行动尖锐，忽冷忽热，常被视为异端。经常走自我的道路，不会主动投入团体。

AB型血人与AB型血人相处

AB型血的人在世界上的数量相对比较少，所以和AB型血人相处的机会也相对比较少。在人际关系的发展中，同一血型人，是最容易建立良好的关系的，因为双方了解彼此的性情。

AB型血人与O型血人相处

AB型血的你是个笑脸人，想和每一个人好好相处。但是相处时又会出现眼中所见与真实情况不同的忧虑。即使你和O型血人建立了良好的关系，也无法维持长久的情谊，原因在于AB型血的你，无法忍受O型血人的忍耐性。

AB型血人与A型血人相处

AB型血的你在与A型血人初见时，就给予他一个态度和蔼、思绪敏捷、不偏激、喜欢微笑及专心听人说话的好印象。所以你若想和A型血人维持长久而美好的关系，应该自信有能力发挥自己的才华，不要只追求梦想，也要试着了解A型血人的现实性，并相互合作、同心协力。

AB型血人与B型血人相处

AB型的你总是城府很深，过着忙碌的生活，所以在与B型血人交往的时候，会采取大而化之的态度。对昨天还很客气，现在却像个陌生人般的你的待人接物态度，让B型血人感到相当吃惊。如果两个人已突破层层障碍，感情很亲密的话，B型血人可能会用比较缓和的态度接纳你的一切缺点。

知识链接

O型血人在与AB型血人接触时，第一印象通常很好，并积极地想和AB型血人接近，特别是一些令O型血人十分困扰的事情，到了AB型血人手上，往往能迎刃而解，令他们感到十分神奇；而O型血人在享乐时，AB型血人也常能发挥其约束能力。而一旦建立特殊关系的时候，AB型血人便再也不能如O型血人所希望的样子去思考，无视于应该居于中心位置的O型血人的存在，结果O型血人会因受到伤害而十分愤怒。所以你在与O型血人相处时候，无论在什么情况下，都应留意O型血人的心情状况。

博得上司的信任：根据血型灵活应对

> 在人际交往中，如何与上司相处是一个老大难问题，远了不是，近了也不是。其实，你可以根据自己与上司的血型来灵活应对。

✱ A型血人与上司融洽交往的技巧

A型血人作为部下，要想与各种血型的上级领导搞好关系，应多多参照下列做法行事。

面对A型血上司

在对人关系上，A型血上级表面上豪放磊落，而内里却是神经质，拘泥于细节的。对于A型血上级，需要注意的事情要多用心，那么即使产生误会，A型血上级也会予以原谅，甚至还会给以补偿。

面对B型血上司

如果是B型血上级的命令，A型血部下都要正确地遵守，即使有些不合理，A型血部下也要像他的手足一样拼命工作。值得注意的是，B型血上级如果说"由我负责"，这说的是自己任务范围内的责任，不是替部下弥补过失，也不是给他想办法开脱的意思。

面对O型血上司

在与O型血上级相处时，A型血部下首要的是不说话默默地干，最好是默默地听O型血上级的命令，默默做完自己应该做的事，详详细细地报告。不管什么场合都尊敬上级，按他说的执行，O型血上级就会认为你是个很好的合作者和部下，而委以重任。

面对AB型血上司

AB型血上级感情不外露，态度沉稳，总是按个人的喜好去做事。A型血部下如果不用同样的态度为准则，随自己的喜好，按自己的做法去工作，那么A型血部下就很容易得到他们信任。要特别注意，工作上事无巨细都应该与AB型血上级共同商议。

*B型血人如何应对不同血型的上司

B型血人自我肯定意识很强，所以常常喜欢推翻别人的意见，虽然往往是并无恶意。但在与不同血型的上司交往过程中，则要多加注意自己的方式方法。

面对A型血上司

在工作交往中，B型血部下如果这样评价A型血上级："那个人不太强迫命令，通情达理，这是很好的，但有时保守得不得了，再放开一点才好，在这点上，实在是……"这不利于搞好与上级的关系。要想使自己的想法得到理解，B型血部下在批评之前，首先要了解A型血上级，其次要站在上级的立场上考虑问题。必须从这两点出发，不随便反对上级提出的主张，要显出他的主张很重要的样子。另外，上级有不足时，作为部下要悄悄地弥补。平时牢记这些，A型血上级也就不会过于固执和保守，而变成较为灵活的上级。

面对B型血上司

在一个组织里，B型血部下在B型血上级手下工作的机会大概不太多。认识到机会难得而专心工作的觉悟是重要的。作为组织的一员，要尽量与别人和谐相处。作为部下，最起码的义务是对行动的目的、工作进程的关键、有关结果的预测等重要问题认真地汇报，以求得上级的忠告。为一个目的而行动的时候，要倾听、服从上级的理解，并加以实施，这样做就能取得好的结果。

面对O型血上司

O型血上级办事合乎情理，没有反驳的余地，B型血部下就要遵照他的命令、意见去做。不过O型血上级难免也有让人觉得不可理解的时候。B型血部下稍有不满，就觉得只是上级不对，这样很不好。总是暗地里说上级坏话、批评上级，这些议论如果传给上司，就不好挽回了。

面对AB型血上司

上级是否注意自己，对于B型血部下来说是个影响士气的大问题。对于B型血部下来说，总感到AB型血上级不够注意自己，其实并非如此。最好是想，AB型血上级正在冷静地观察和认真地考验自己，稍一怠慢、马虎，即使上级默然不语，也会得到不好的评价。

如果B型血部下对上级一见面就认为上级不好，不喜欢他，工作不痛快，仅凭个人好恶去干，这样做不可能不跌跤。即使讨厌上级，也要抱着友好的态度去工作。抵触和无视上级是最要不得的，太死心眼儿，不会有好结果，要不带成见地工作。

* O型血人如何在与上司的交往中掌握主动

O型血人性格稳重、办事有分寸、富于正义感。美中不足的是有时性情急躁，处理事务犹豫不决。这种类型的人要注意在与上司的交往中掌握主动权。

面对A型血上司

作为A型血上级，即使部下什么都没说，也能完全理解部下的心情。然而对于O型血部下来说，如果A型血上级所表现出来的言行有什么地方不够明确，就会认为这不是他的真实思想，不是体现他自己意愿的行动。所以O型血部下往往对于这一点而摆出一种进攻的架势。

在多数情况下，A型血上级对于自己所担当的职务有非常强的自尊意识，对于下级提出的各种指责和批判，虽然表面上只是笑一笑，可实际上他的感情已经受到伤害，在心里会认为O型血部下太狂妄。

面对B型血上司

可以这样说，要想在好的上级领导下工作，首先自己必须是个好的部下。所谓好部下，就是那些在工作上全心全意地辅佐上级的人。如果上级不接受自己的意见而提出别的方针，O型血部下也不能撒手不管，必须诚心诚意地去实行，在工作中默默地弥补上级指示中的不足。如果O型血部下能以这种姿态致力于工作，不仅会得到B型血上级的高度评价，自身也会有很大的发展。

面对O型血上司

O型血上级对任何事情如不做到合乎情理就会感到心神不安，他们往往很重视社会上的一般观念和常规。他们总是亲自决定管理的部署方案，要求部下绝对遵守。而O型血部下，尽管知道O型血上级的这种心理，但很难按照他的指示去做。往往采取这样的态度：只要在总体上准确无误就行，习惯按照自己的想法去做。这样的下级是一般的管理者不喜欢的。作为O型血下级，如果在取得预期的成果之后拒绝上级的评论与奖赏，并且时常抑制自己的服从心理，对上级没有彻底服从的度量，O型血上级也就不会承认他。

面对AB型血上司

对O型血部下来说，往往不能很清楚地了解AB型血上级到底想干什么，具体怎么干等，而且总感到他们不能正确地评价部下，态度过于严厉。在这种情况之下，O型血部下常常会发泄对AB型血上级的不满，说一些上级的坏话，认为这样的上级没有识别人才的眼力，尽管部下完全正确也得不到他们的承认。

知识链接

O型血部下还必须防止突出自己，要重视共同协作。因为AB型血上级更希望使大家都取得成就，所重视的不是某一个人的发展，而是整个部门的全体人员的全面发展。所以如果极力地表现自己，不仅得不到发展，感情上反而会受到极大的伤害。O型血部下如果能够竭尽全力按照AB型血上级的方针去做，那么AB型血上级即使对结果并不很满意，也会给O型血部下以很高的评价。

*AB型血人与不同血型上司的交际攻略

AB型血人善于讥讽，多喜欢交际活动，但也厌恶攀附权贵式的合理化。这种类型的人最容易得罪上司。

面对A型血上司

"能冷静地行事，有客观的判断力，同爱拘泥于习惯、常识的自己不同，有出色的创造性思考力，是不能小看的家伙。"这是A型血上级对AB型血部下坦率的评价。不难看出，在这种评价中包含着一点不满情绪。AB型血部下给A型血上级这种印象：他们有能力，对什么事如果做就能办到，但不肯卖力气。

AB型血面对B型血上司

B型血上级对AB型血部下会有这样的印象：无论什么场合，他们都表现平静、冷淡，而且不善合作，好像总怕别人在背后使坏而格外小心。所以不管他们多么能干，也不能给上级留下任何好印象，得不到上级的一点好评。

面对O型血上司

O型血上级对AB型血部下，能充分肯定其实力，明白自己能得到部下的信赖，但也有不安之感，担心部下会超越自己而单独行事。所以，AB型血部下紧张地工作是对的，但不要忘记应向上级做具体、详细地汇报。

面对AB型血上司

在人口比例中占少数的AB型血人，应该感谢幸运地有一位血型相同的上级。为了证明自己是非常优秀的，必须努力工作。作为部下，AB型血人既要重视工作上的成绩，也要重视同上级接触时的态度，要遵纪守法，行为谦虚，不信口开河，也不妄自行动。要认真听取上级的指示，重要的地方做一下笔记，是很有价值的，也是很有必要的。

获得下属的支持：根据血型处理关系

作为上司的你，和下属的关系处理的好坏，直接影响到你的工作业绩和工作氛围，只有获得下属的真心支持，你才能在职场中走得又快又稳。不过，处理与下属的关系是讲究技巧的，根据下属的不同血型来开展管理，就是一个不错的方法。

✻ 成为最成功的A型血上司

A型血人受性格等诸多原因的影响，一般对领导者的职业领域并没有很强的适应性，但这只是就一般情况而言。现实生活中，真正成为领导者的A型血人还是不乏其人的。

面对A型血下属

A型血上级在工作方法和态度方面，要经常对A型血部下询问一下，若无其事地对他的全部生活从旁教导、激励为好。但是批评A型血部下时，必须是其他公司职员不在场的情况下才行。因为A型血人是内向型的，易为感情所动。对A型血部下来说，A型血上级这种缓急自如的态度，比给他晋升的机会更让他高兴。

面对B型血下属

对于A型血上级来说，言行善变的B型血下级总是容易被误解成很难对付的部下。这实际正是A型血上级压抑B型血部下或者让他定型的结果。实际上，只要对整个工作没有很大的影响，A型血上级要信赖B型血部下，公平相待，让他舒畅地干工作。

面对O型血下属

对于A型血上级而言，O型血部下是极富适应性的，不过，他们不是像A型血人那样的像水一样的适应性，而是在理论上一旦想清楚，就朝着目标努力的适应性。另外，O型血部下绝不满足于不负任何责任的、单调的工作。

A型血上级对O型血部下，要尽可能地真诚接触，直截了当地说出想法，委以权限，让他负责为好，不管事情的大小，要把某个特定的场面完全委托给他。这样做，A型血上级自己的负担就减轻了，O型血部下的自尊心也会被激发出来而好好工作。这种关系一旦建立，O型血部下和A型血上级就会成为优秀的集体。

面对AB型血下属

对于A型血上级，AB型血部下比其他血型的部下具有更多的卓越之处，可以说是很优秀的部下。A型血上级要承认AB型血部下的能力，把他作为一个人才来信赖，与此同时，也应该将未知的可能性抽出来，不要完全撒手让部下去工作。

＊做最有亲和力的B型血上司

B型血的领导是心胸开朗、爽直而易亲近的人，但是他也有一种很讨厌被人束缚的气质，对于别人的意见和既成的说法，时常会加以反驳，这种特点在与下属交往时要注意。

面对A型血下属

A型血人作为B型血领导的部下是很容易指挥的，不过总感觉有点死板。对A型血部下，B型血领导要指出大的目标，如果要分配任务，只需指出要点，不需一一交代细节，让他轻松地去干，这样他会拼命为你工作。

面对B型血下属

B型血领导与B型血部下在一起，应总结其共同的倾向，各取所长，发挥出最好的效果。因能力、性格、兴趣很相似，他们的关系会很融洽。相反，缺点结合在一起，也往往会影响工作。

面对O型血下属

B型血领导如果能充分调动O型血部下，就会得到很好的协作。O型血下级可以处理各种局面，积极、灵活地克服困难与障碍，直至完成工作。B型血领导对部下的缺点不要过分唠叨，而要暗暗地给予帮助。只在偏离方向、脱离轨道时才给他们指出，提醒他们，其余的都应让其自由去做。

面对AB型血下属

AB型血人情绪不稳定，说话做事有不少矛盾，但又相当能干。由于AB型血部下很有主见，若总是处处提醒，加以抑制，这样AB型血部下是不会服从的。作为B型血领导，部下如有不清楚之处，当他们请教你时，最好默默地倾听他们的说明，尽力地理解，不要随意批评，点到为止，千万不能压制，要尽力克制自己。如果一味强调自己，就不可能赢得AB型血部下的信赖。

※ 做最冷静的O型血上司

O型血人皆具有强烈的自信心，意志坚决，同时兼有浪漫和重视现实的双重性格，但一遇到麻烦，很可能冲动去解决而不会后悔自己的所作所为。但作为领导者，在处理与下属的关系时，则要注意克服这些性格上的问题了。

面对A型血下属

A型血部下都清楚地知道自己目前所处的立场，上级对自己的评价如何，自己应该怎样去做等，所以能够自觉努力地工作。O型血上级要做出宽宏大量的姿态，甘于充当在背后给部下使劲的角色。对A型血部下的长处要经常予以称赞。

知识链接

A型血部下一旦了解B型血领导对自己的评价很高，就会成为让上级这面大旗上升的纲和绳，他们会一心一意地与之合作，成为得力的助手。即使再能干的领导也不能包打天下，没有部下的支持，你这面大旗就不能在空中飘扬。对A型血部下不重视、不信任，是B型血领导在交际中最忌讳的。

面对B型血下属

B型血部下认为O型血上级很会工作，是个好上级。然而他们又希望O型血上级不要总是拘泥于常规，对部下过于严格。所以，作为O型血上级，为了使计划好的目标得以实现，既要严格地贯彻原则，又不要对部下束缚太多，采取上下分明的压制态度，否则就会使他们畏缩不前，难以发挥聪明才智，使之失去行动活力。

面对O型血下属

作为上级，要想让部下服从自己，首先要把自己的工作方法郑重地传达给部下。如果有什么意见，要及时地和部下进行协商，征得部下的理解，以求顺利地推动工作的进展。不过，还有一个先决条件就是，当把自己的工作方法传达给部下之后，要细心地观察，如果部下有什么提议，无论有什么不满意的地方，都需要耐心地听取。

面对AB型血下属

对于AB型血部下，O型血上级总有些性急，所抱的期望过多，而且总是不由分说地指责他们应该这样那样，处处不让人；或者采取压制态度，要求部下按自己的想法去做，这样做往往使部下经受不住而垮下去。AB型血部下照理说还是能够努力工作的，所以O型血上级要胸怀宽阔，具有接受部下全部意见的涵养，应该把部下的想法耐心地听下去。

知识链接

如果O型血上级能够理解部下的想法，就要在某种程度上放手，保持一定距离地接触，而不要追根问底，要耐心地等待部下自己完成工作。O型血上级对于一些小事应佯装看不见。当AB型血部下知道自己得到上级信赖的时候，无论怎样努力地为上级工作，还是"恰到好处"地工作，他们在工作中很少失误，对O型血上级来说都称得上是得力的助手。

❋ 做最有责任心的AB型血上司

AB型血领导人对权力的欲望很淡薄，虽然他会把自己分内的事做好，但对于别人的事情却一点也不给予理睬。AB型血领导要克服自己的这种弱点，做一个最有责任心的领导者。

面对A型血下属

A型血部下非常重视周围的人对他的评价，所以要让A型血部下保持良好的情绪，就要尽可能地对其所做的事情和结果作出评价，哪怕是不太好的结果，也不要加以责怪，要一起考虑失败的原因，并给予他改过的机会。

面对B型血下属

B型血部下是听话、容易领导的部下，所以对他们提出的意见容易忽视或随性地应付过去。如果这样对待B型血部下，他们绝对不会服从。B型血部下希望跟从一直很合得来的上司工作，如果同B型血部下建立了互相信赖的关系，B型血部下自然会抱有牺牲精神，努力工作，并且会在工作中取得较大成果。

面对O型血下属

O型血部下不喜欢冷冰冰的、在某种问题上不讲信用的领导。AB型血领导没必要总是笑嘻嘻的，但要承认他做的事，要让他觉得你是讲信用的上司，那么他自然会心情舒畅，不反抗而服从你。如能给予鼓励，他就会斗志昂扬起来。对O型血部下只抓重点，是使他按你的意图行事的好方法。

面对AB型血下属

AB型血人有积极性、协调性，但在毅力、顽强、性格成熟这些方面比较一般，甚至存有不足。当给其一些自由时，往往容易使领导的意图落空，而任意按自己的意愿行事。对AB型血的部下，不要放纵，首先要加紧对其进行常识性地指导，使其懂得在对领导的态度上要有分寸。

Part 04

血型与心理，
　健康养生的心灵激素

健康的一半是心理健康，而要做到心理健康，就离不开血型这种心灵激素。不同血型的人可能会发生不同的心理疾病。如果我们能依据自己的血型进行心灵保养，健康就指日可待。

▌A型血：
▌隐忍的君子

A型血较强的抗原，形成了其敏感的神经系统。在性格上，他们则是隐忍的典型，希望用"君子"的标准来衡量一切，因此显得有些优柔寡断。这对A型血人的身体是十分不利的，它们往往会导致一些严重的心理疾病的产生。

＊ A型血的常见心理

A型血的人典型的思维特点是：拘谨严肃，会尽力维持生活的节奏，希望每日的生活都是按部就班地度过。或许是由于他们的生活太过有条不紊了，A型血人的性格中很容易出现强迫性格，或者过分相信自己所认定的"合理"，而引起癔症。

强迫性格

A型血的人从骨子里对完美有种特别的爱好，任何事情都希望能达到完美。因此，他们在工作中，经常表现出高度负责、一丝不苟的态度。但由于他们过于追求完美，所以会对自己所做过的事情产生怀疑，一而再再而三地加以确认，却还是不放心。最后，只能让自己更加疲惫。

对于这点，A型血的人可以通过以下两种方式调整自己，来缓解强迫性格。

❶ 接受不完美。生活并不是每件事都是完美的，就像人的外貌一样。无论一个女孩长得多漂亮，她还会有"如果鼻子能稍微再高点就更好了！"的抱怨。生活中，要认识到适度追求完美是奋进的动力；但过分地追求完美，则会为自己带来更多的心理压力和忧虑，导致创造能力和其他心理的削弱。因此，A型血的人应该试着接受不完美，不要给自己太大的压力。

❷ 顺其自然。顺其自然是一种生活态度，也是放松精神压力的最有效的方式。A型血的人往往会强迫自己不断确认，门是否关好？这个策划是否能超越客户的要求，达到完美的境界？事实上，这些都不重要，只要身体健康、心情快乐，有一点小失误也无妨。

癔症

据研究调查显示，在25岁以下的癔症患者中，A型血的人居多。这是由于A型血的人过于追求自己内心认可的"合理"而产生的疾病，具有情感不成熟、戏剧化色彩强、暗示性很强和以自我为中心四个特征。其实，生活中大多数A型血的人不会罹患癔症，除非他们遭受了巨大的打击。但A型血的人却最容易有自我倾向，他们会自认为事情是他们想象的样子，而不能正确理解别人。鉴于这点，专家建议，通过提高认知、经常自省，或者读书训练来克服心理的动荡。

知识链接

癔症到底是怎么回事？

癔症是一种常见的神经类病症，情感丰富的人通常容易发病。发病年龄多在16～30岁，而且女性远多于男性。发病前，这些人会有富于幻想、善于模仿、易受暗示等特点。这些特点在一定社会因素的刺激或暗示下，会使人突然出现短暂性精神异常或运动、感觉、植物神经、内脏功能紊乱等症状。当然，这种症状由暗示产生，也可以通过暗示消失。

❶ 提高认知。A型血的人往往会认识到自己的性格缺点，但他们认识得不清或拒绝改正。因此，提高认知能力是心理纠正的重点措施和基础。

❷ 自省。古语说"君子日三省吾身"，自省是克服心理动荡、培养良好品质的好方法。A型血的人可以通过写日记、记周记、自我检查的方式来自我反省，回顾自己的心理缺点以采取正确的纠正方法。

❸ 读书训练法。读书能陶冶性情，多读一些格调高雅的书或作品，品味作品中人生的酸甜苦辣，能树立良好的人生观。

事实上，心理的问题最难解决，同时也最好解决。只要找到合理的疏导方法，A型血的不良情绪很快就会被排解掉，不会影响生活。

＊ A型血调心饮食方案

或许是A型血的人进食了过多的谷物和绿色蔬菜，缺乏高蛋白的结果，他们宁静而多思，往往容易陷入优柔寡断的僵局。要想改变这种心理状态，A型血的人应适当改变以往的饮食习惯，建立以肉类为中心的饮食。当然，为了健康，最好选择鱼肉，以代替普通的动物蛋白。

Attention A型血的人容易自卑？

A型血的人喜欢做自我分析、评价，而且往往是过低地评价。在人际交往中，他们很想得到别人的肯定，但又怕别人的轻视和拒绝，常常敏感地把别人的不快归咎于自己的错误。另外，A型血的人自尊心特别强，为了保护脆弱的尊严，他们表现出强硬的、让人难以接近的一面。这与他们隐忍的性格结合后，就表现出自卑的性格来。

韭香鸡蛋银鱼

| 材料 | 小银鱼200克，鸡蛋4个，韭菜100克。 | 调料 | 植物油、盐、酱油、姜片、鸡精。 |

做法

1. 小银鱼洗净，焯水后捞出，沥水；韭菜择洗净，切成小段；鸡蛋打入碗中，加少许盐，将蛋液打散。

2. 锅置火上，倒入适量油大火烧至六成热，放入姜片爆香，倒小银鱼炸一下，捞出沥油。

3. 锅内留少许底油，烧热后，倒入打好的鸡蛋液，炒成金黄色；加入炸好的小银鱼、韭菜段、酱油快速翻炒，断生后，加入盐、鸡精调味，关火，起锅装盘即可。

菜单分析

小银鱼营养丰富，含钙量高，不仅可以补充钙质，还可以通过影响体内元素的含量来调节心情。

白萝卜海带牛骨汤

| 材料 | 牛大骨500克，白萝卜300克，干海带100克。 | 调料 | 姜片、葱段、盐、醋、鸡精。 |

做法

1. 海带用清水泡发后洗净，切成块；白萝卜去皮洗净，切成块；牛大骨洗净，放入沸水中焯烫去血水，捞出。

2. 沙锅置火上，加入足量清水，放入牛大骨、白萝卜块、海带块、姜片、葱段大火煮沸后，加入少许醋，改小火炖30分钟左右，调入盐、鸡精即可。

菜单分析

牛骨中含有钙质，它与同样富含微量元素的海带搭配，能调动体内的"活跃"因子，有助于使安静的A型血人活泼起来。

B型血：
过于自信的骑士

> B型血的人性格乐观、开朗，有很强的自信心。然而，正是由于他们过于"自信"，显现出心神不定、三心二意、对事三分钟热度的性格来。

✻ B型血的常见心理

B型血的人在性格上，一点也不像在饮食上表现的"完美"。相反，他们情绪波动较快，很容易出现性格的缺陷，而且在人际交往中也容易表现出孤僻清高的特征。

情绪波动快

B型血的人自信、乐观，不被人左右，或许是由于体内游牧民族的自由因子的作用，他们也会因过于热情而出现循环性格缺陷，对心理健康产生危害。很多B型血的人都有这样的经历，有时会觉得特别高兴，看待事物也会乐观而热情，但当心情低落的时候，情绪也会随之表现出悲观沮丧、百无聊赖、筋疲力尽、懒于做事的特点。这就是B型血的性格缺点——波动快。这种思维与行为的分离，使得他们的行动缺乏专一性和持久性；情感丰富、热情，但却不深刻，而且有自夸自大的倾向。在工作上，表现急躁，容易发脾气；做事时，经常有始无终，设想和计划很多，实现却很少。

人们常说"性格决定命运"，性格往往决定做事的成败。B型血的人要想克服情绪波动快的性格，需要从以下三方面入手：

❶ 提高认知。认识到情绪的波动对心理健康以及周围人际关系的伤害，应发挥主观能动性，积极、充分地了解这种性格

的缺点，纠正认知浮浅和思维不持久的弊病。只有认识到这点，才能从心理克服情绪波动，避免情绪不稳带来的不利影响。

❷ 读书。读书可以开阔人的眼界，充实自己的心灵，锻炼不同的大脑区域，形成不同的思维方式。可以这样说，读书是通过后天培养的方法，改正B型血体内天生的"情绪速变"因素。

❸ 专一训练。对于B型血的人来说，情绪波动快是本性，或高兴或悲伤。俗话说"本性难移"，但并不是不能"移"。只要B型血的人认识到情绪波动快的危害，并有意识地进行一些集中注意力的训练，他们很快就会成为能够抛却外界干扰，坚定自己信心的人。

孤僻心理

世界上没有两片完全相同的叶子，也没有两个性格完全相同的人。尽管有些B型血的人乐于与人交际，但也不排除有些B型血的人走进另一个极端——孤僻。孤僻是一种心理体验，并不代表一个人独处。很多B型血的人尽管身在人群，但依然会表现出孤僻和冷漠的性格。

如何消除孤僻的心理呢？试试下面的方法吧。

❶ 健康的生活方式。孤僻本是一种不健康的情绪反应，试着学习健康的生活方式，可以消除孤僻对心理的伤害。有孤僻心理的B型血人不妨试试，在闲暇时间钻研一门学问，或学习有用的技术。

❷ 有意识地培养积极的个性。孤僻往往会导致自我封闭，这是通过生活环境中反复强化形成的。要克服这种状态，必须增加心理透明度，以开放的心态与人交往。在交往中，吸取别人的长处，体会交际的情趣和欢乐。

❸ 学会倾诉、聚会。孤僻、冷静很怕热闹，多和朋友聚聚，聊聊天，有助于远离孤僻。

孤僻心理产生的原因

孤僻心理在B型血的人中产生的原因有两个：一是青少年时心理特点；二是内向型性格的进化、发展。青少年是人生的准成熟时期，刚刚建立自己的世界观和人生观，他们自认为已经长大成人了，常常感觉自己不被人理解，因此产生一种莫名其妙的孤独感，形成了孤僻心理。另外，性格内向的人自我中心观念较强，喜欢把自己封闭在一个狭小的天地里，对外界往往表现得很淡漠，因而发展成了孤僻的性格。

除此之外，孤僻的人最好树立人生的奋斗目标，并为之努力拼搏。因为一个心中充满希望、梦想的人，不会孤寂，而每日为梦想忙碌的人，也不会拥有孤寂的时间和心情。

* B型血调心饮食方案

B型血的情绪时而高兴，时而悲伤，很难抓住稳定的因素。而且当他们情绪低落时，那种抑郁、忧伤常常会使人难以抵挡，因此，具有活跃细胞、神经的食物成为他们调整心情最好的选择。

酸辣苦瓜

| 材料 | 苦瓜500克。 | 调料 | 植物油、盐、白糖、醋、花椒粉、花椒粒、干红辣椒、味精。 |

做法

1. 苦瓜去子，洗净，切成薄片，用少许盐、花椒粉腌渍20分钟；干红辣椒洗净，沥水备用。
2. 锅中放水，大火烧沸，放入腌渍好的苦瓜片焯2分钟，捞出，沥水，加盐、白糖、醋、味精拌匀。
3. 锅置火上，倒入适量油烧至六成热，放入花椒粒、辣椒炸出香味，捞出花椒粒，并将热油浇在苦瓜片上，拌匀即可。

菜单分析

苦瓜中含有丰富的B族维生素，具有清热消暑、消除烦渴的功用，很适合B型血的人食用。

O型血：急性子的猎人

O型血的性格，就像他们最原始的抗原一样，具有与众不同的开放性。他们乐观、开朗，很容易与人打成一片。但同时，他们也拥有狂暴的性格，而且爱争强好胜，容易走极端，就像一个时刻着急追赶猎物的猎人，火暴而坦率。

*O型血常见的心理

在四种血型中，O型血的人是最有"力量"的一类人。他们面对事情时，往往是很本能地将储蓄在体内的干劲全部发挥出来。越是艰难的状况，越能激发他们的挑战性。但也由于他们具有这种爆发性，容易形成偏执的性格。

偏执性格

偏执性格是O型血活泼、热情、积极向上性格的另一个极端，是他们对自己"成竹在胸"信念的极端追求，多见于O型血的男性。O型血的人看似活泼、开朗，具有马大哈似的性格，但实际上，他们敏感而固执，时常处于神经紧张的状态，因而表现出孤独、沮丧的情绪。如果这种情绪没有及时得到缓解，很可能发展成为偏执型精神疾病。因此，O型血的人要及时克服不良情绪，从根本上杜绝偏执性格的形成。具体做法如下：

❶ 主动交友。交流是生活中非常重要的一部分，尤其是活泼的O型血，更喜欢结交朋友。所要注意的是，无论是有意结交，还是普通见面，O型血都应该放下隐藏在心底的那份"孤傲"，以平和的心态与人交往，真诚相见，尽量主动地给予朋友各种帮助，而不应该是索取。

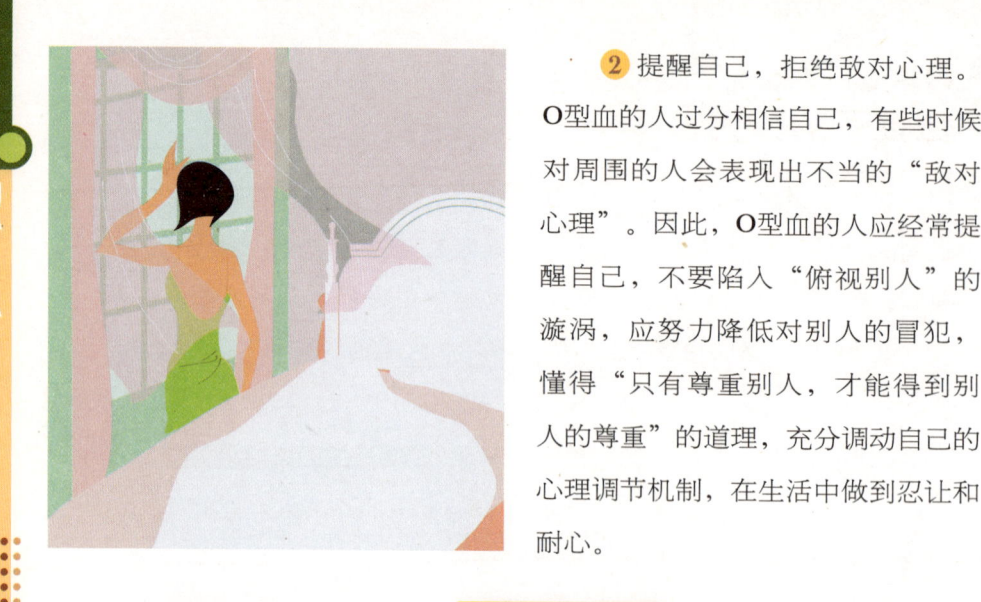

❷ 提醒自己，拒绝敌对心理。O型血的人过分相信自己，有些时候对周围的人会表现出不当的"敌对心理"。因此，O型血的人应经常提醒自己，不要陷入"俯视别人"的漩涡，应努力降低对别人的冒犯，懂得"只有尊重别人，才能得到别人的尊重"的道理，充分调动自己的心理调节机制，在生活中做到忍让和耐心。

知识链接

O型血的情绪调节法

O型血的人易冲动。激动时，情绪很难控制，而且心理也很难保持平衡，因此，学会自我情绪调节法，对他们处理好周围人际关系、营造快乐生活有非比寻常的意义。情绪的调节往往通过理性对感性情绪的控制来调节心情，要点为：思虑过多时，应转移和分散注意力；大喜时，要懂得抑制和收敛；激怒时，要提醒自己镇静和自控；忧愁时，要懂得释放和自解；悲哀时，要学习娱乐和淡化；惊恐时，要提醒自己镇定和坚强。

自傲性格

部分O型血的人喜欢过高估计自己，只关心自己的需要，强调自己的感受。高兴时，他们会手舞足蹈、滔滔不绝，而且喜欢把他人当成知心朋友。当他们不高兴时，就会不分场合地乱发脾气，丝毫不考虑他人的感受，而且他们不愿意和自认为不如自己的人交往。O型血人的这些表现，通常都会给别人留下自傲的印象，容易引起别人的反感。

自傲的根源通常是源于对自我的错误评价，当然，也不排除与其溺爱的成长环境有关。O型血的人要想拥有一个属于自己的交际圈子，就要学会克服自傲心理，学会尊重别人，善于发现别人的优点。同时，还要学会严于律己，不要以为自己处处比别人强。

做到以上两点，凭借O型血的人近乎"人来疯"的乐观性格，一定会很快交到真心朋友。

嫉妒

O型血的人对自己的需要，有着近乎"贪心"的要求，一旦这个要求无法满足，他们就容易产生嫉妒心理。另外，O型血的人比较好强，因此，他们在与他人做比较时，容易产生嫉妒心理。尤其是他们看到别人的价值比重增加，而自己的价值下降时，会产生一种极为痛苦的情绪体验。

嫉妒是一种奇怪的蔓草，当它在心里生长时，行为上就会表现出寻找对方不足来安慰自己，有时甚至通过诋毁对方来达到自我心理上的暂时平衡。所以，O型血的人要注意一下，要充分认识嫉妒心理的危害，克服偏激、过度自信的态度，合理地看待事物，不要受个人心境、情绪的干扰。

另外，要调整个人价值的确认方式，不要简单地与别人比较，因为这样往往会导致片面的看法。个人价值的体现有很多方面，每个人都有自己的标准，不要用别人的强项来与自己的弱项相比，或者用周围人的标准来衡量自己。人生更重要的事是不断超越自己，而不是超过别人。

Attention 如何消解嫉妒心

当然，在避免自己嫉妒别人时，也要注意不要受到别人嫉妒的伤害。在与人交往时，不要过分谈论自己得意的事情，也不要过分夸大自己的成绩。相反，应采取谦虚谨慎的态度，有意识地暴露自己的不足和苦恼，避免激起他人心理失衡。这样无论于人，还是于己，都是有很大好处的。

*O型血调心饮食方案

O型血容易急躁，多吃一些南瓜、黄花菜、豆芽，或者苹果、莲藕等食物，有助于缓解他们急性子的情绪。

木樨豆腐

| 材料 | 豆腐300克，鸡蛋2个，干黄花菜、水发木耳各20克。 | 调料 | 植物油、盐、葱末。 |

做法

1. 豆腐冲洗干净，切丁；干黄花菜、水发木耳泡好，去蒂，沥水，掰成朵；鸡蛋打成蛋液。
2. 锅置火上，倒入油烧热，放入鸡蛋液，炒散，盛出；另起一锅，倒入少许油烧热，放入葱末炒出香味，放入黄花菜、木耳、豆腐丁、鸡蛋块、盐翻炒至熟即可。

菜单分析

虽然O型血的人不需要通过吃豆腐来补充体内的蛋白质，但豆腐中含有的某些物质，可以帮助O型血的人安神，缓解他们急躁的情绪。

银芽如意菜

| 材料 | 黄豆芽200克，冬菜50克，榨菜30克。 | 调料 | 植物油、盐、白糖、生抽、辣椒酱。 |

做法

1. 黄豆芽择洗净，沥水；冬菜与榨菜分别洗净，沥水，切末。
2. 冬菜与榨菜放入碗中，加辣椒酱、植物油拌匀，封好胶膜，放入微波炉中用高火爆香2分钟后取出。
3. 趁热加入盐、生抽、白糖、黄豆芽拌匀，封好胶膜用高火加热5分钟，取出即可。

菜单分析

黄豆芽富含维生素B_2，春天多吃些黄豆芽可以有效提升愉悦情致。

AB型血：矛盾的法官

> AB型血的人兼具A型血和B型血的性格，表现出独特的心理特征。生活中，他们总是大发牢骚，说这个世界充满了矛盾；但另一方面，他们却是事事都要讲求"合理性"的一群人。AB型血的人就像一个矛盾的法官，既隐忍、思虑，具有"君子"的特征，又活泼、乐观，有些"人来疯"。

✽ AB型血的常见心理

AB型血人的心理天生有些复杂，他们既继承了A型血特质中的谨慎、保守，又继承了B型血人的骄傲、善变，因此，他们的精神容易受到多元化因素的影响。

双重性格

AB型血的人性格具有双重性，有时候谨慎、保守，表现出胆小、羞怯、退缩的特征；有时候，却又骄傲、善变，让人摸不到头脑。虽然看起来具有一丝的神秘，却容易进一步发展成精神类疾病。

为了防患于未然，不使性格特点发展成为疾病，AB型血的人需要从以下三个方面入手：

❶ 积极参加社交活动。孤独、不合群的习惯，都是少参加社会活动的结果。多参加社交活动，有助于交流，消除孤独、孤僻的情绪。

❷ 培养良好的兴趣爱好。通过读书、欣赏文艺作品等方式，充实生活的内容，让自己没有时间"胡思乱想"。

❸ 培养高尚的情操。有自己的兴趣、爱好，思想自然不同，即使是独自一人，也能找到让自己高兴的事。而且EQ高了，对事物看法也会不同，即使有烦心的事情，自己也知道该如何开解。

总的说来，培养多种兴趣爱好，或者提升自己，可以培育向往生活的良好情感，丰富生活的色彩，给周围的人留下深刻的印象。

依赖心理

大部分的AB型血人都有依赖心理，他们总感觉自己很笨拙，很无助，于是，就将自己的需求依附在周围人的身上，表现出缺乏独立性、不能独立生活的特点。其实，AB型血的人远没有那么弱，他们的依赖心理只是周围人宠溺的结果。如果AB型血的人想要独立承担生活，最好改变自己的这种依赖心理，具体做法如下：

① 建立自信心。AB型血的人要从心理上建立自信心，这是从根本上纠正依赖性格的有效方法。

② 纠正依赖别人的不良习惯。生活中，清查自己的行为，哪些是习惯性地依赖别人去做的，哪些是依靠自己做的，并将这些行为分为自主意识强、自主性不强两种，坚持自己做主、加强自主意识强。

③ 控制自己的依赖情绪。心情不好便会暴饮暴食或大量购物，这都是错误的缓解情绪方法。生活压力很大，偶尔的依赖是正常的，但不应将自己一生的信心与希望都寄托在别人身上，要学会控制自己的依赖情绪。

俗语说"心病还需心药医"，心灵的宁静与独立，完全靠自己把握，别人无法真正到达你的内心。

知识链接

四种血型的快乐妙招

事实上，快乐与血型无关。无论任何血型，要想维持心理健康，拥有一种健康、积极的生活，都需要保持乐观的心态。要有一种无论遭受任何挫折、失败，都不会陷入痛苦的精神，只要每天抱定这样的心态，开心地面对每一件事，快乐自然如期而至。

羞怯心理

AB型血的人性格敏感，容易在交往中产生羞怯心理。羞怯并不是一种严重的缺点，几乎每个人都有过某种程度的羞涩和胆怯。只要不影响生活，羞涩有时也能成为一种美。但严重的羞怯心理，则会影响到人的正常交往，不利于发展自身聪明才智，也不利于适应社会环境。为了克服生活中羞怯的心理，最好做到以下几方面：

① 进行交往能力锻炼。要充分利用一切机会，锻炼自己的交往能力，从行动上克服羞涩，比如，在各种场合大胆讲话、勇于发言等。

② 培养交往自信。很多人之所以羞涩，主要是因为害怕失败，害怕拒绝。其实，应时刻提醒自己，每个人都有缺点，也必然有优点，不必为自己的缺点而自惭形秽，也不必为自己的优点沾沾自喜。即使失败也没有关系，只要多加练习，总会有成功的机会的。

✳ AB型血调心饮食方案

针对AB型血的人兼具谨慎、保守与骄傲、善变的性格特点，他们的调心饮食要结合A型血和B型血的饮食，既要能调动他们的活跃性，也要能安抚他们善变的情绪。

🍳 橙汁鱼片

材料	鲜草鱼300克、鸡蛋2个（取蛋黄）、新鲜橙汁150克。	调料	植物油、盐、料酒、胡椒粉、水淀粉。

做法

1. 鱼肉处理洗净，片成薄片，用盐、料酒、胡椒粉腌渍片刻。
2. 蛋黄打散，加水淀粉调成浆；放入腌好的鱼肉上浆挂糊。
3. 锅置火上，倒油烧至五成热，将裹好浆的鱼片炸熟，捞出沥油。
4. 在装好盘的鱼片上，淋上新鲜橙汁即可。

Part 05
血型与饮食，
科学的健康养生之道

俗话说，一个人的食物是另一个人的毒药。血型不同，所吃的食物也应该不同，否则人体不能完全消化吸收食物的营养，从而造成食物的浪费，而人体也有可能出现营养摄入不足的状况，影响人体的健康。

■ 消化系统的"血型"之分

人体的消化是一个复杂而神奇的过程，血型在其中起着非常重要的作用。不同消化器官中所含血型抗原数量不同，因此消化过程中，不同消化器官对食物中植物血凝素凝集程度也不同，对身体危害程度也不同。

* 不同血型消化系统的特点

血型是人类从祖先那里继承下来，经过千百万年进化演变而成的密码。因此，不同血型形成时间的不同，就决定了不同血型体质、性格等方面的差异。

A型血的消化系统

提起A型血的人的消化系统，就要从A型血的形成谈起。大约在25000年前，A型血渐渐出现在地球上，当时正是繁荣的农耕时代。因此，A型血祖先的消化系统非常适合农耕时代的饮食习惯，消化功能并不是很强。消化特点是胃酸含量低，缺少消化酶，在食物上，主要习惯于以素食为主的食谱，如豆类、蔬菜、谷类食物等。

知识链接

精密消化道的构成器官有哪些

消化道是从口腔开始，包括口腔、咽喉、食管、胃和肠五部分，其中小肠中又有十二指肠、空肠、回肠，大肠有盲肠、结肠、直肠等。消化道依靠消化器官的蠕动和消化腺分泌的消化液来分解、吸收营养。人体有五大消化腺，分别为唾液腺、胃腺、肝脏、胰脏、肠腺。唾液腺主要分泌唾液，是将食物中的淀粉初步分解成麦芽糖；胃腺分泌的胃液主要任务是分解食物中的蛋白质；肝脏分泌的胆汁，则是将脂肪分解成小分子的主力；胰脏分泌的胰液，主要针对食物中碳水化合物、脂肪、蛋白质进行分解，肠腺分泌的肠液则是对经过上述消化道消化后食物的再次消化，麦芽糖、蛋白质、氨基酸都是它所消化的内容。

B型血的消化系统

B型血的人新陈代谢速度较快，效率很高，适应能力比较强。由于B型血的形成在A型血之后，继承发展了A型血的消化系统特点，不仅能够适应A型血的人所能适应的素食类食物，而且对高动物蛋白也可以很好地吸收。而且B型血的消化系统最值得让其他三种血型的人嫉妒，因为B型血不仅能够很好地吸收各种有益的营养物质，而且还是四种血型中唯一能够尽情享用奶制品的人。

不同血型消化系统特点

A型血	B型血	O型血	AB型血
胃酸含量低，缺少消化酶	新陈代谢速度较快，效率很高	胃酸含量较高，消化功能也很强大	消化酶分泌很少，胃酸含量也较低

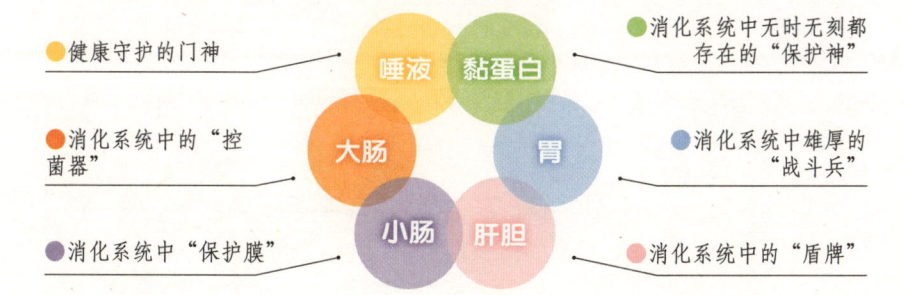

- 唾液 —— 健康守护的门神
- 黏蛋白 —— 消化系统中无时无刻都存在的"保护神"
- 大肠 —— 消化系统中的"控菌器"
- 胃 —— 消化系统中雄厚的"战斗兵"
- 小肠 —— 消化系统中"保护膜"
- 肝胆 —— 消化系统中的"盾牌"

O型血的消化系统

O型血是地球上最古老的血型，大约出现在40000年前。当时生产力非常落后，人们只能以狩猎为生，因此以最容易取得的肉类和鱼产品为主食。经过长时间的适应与演变，O型血祖先的消化系统变得强壮而有力，适宜消化大量的动物性蛋白，而对植物性食物则显得有些不大适应。现代的O型血的人继承了他们祖先的基因，胃酸含量较高，消化功能也很强大，对动物性高蛋白有说不出的适应与热爱。经常进食高动物蛋白的O型血的人，不仅可保持强壮的身体和充沛的精力，还会增强免疫系统和消化系统的功能。

AB型血人的消化系统

AB型血是目前为止地球上最晚出现的血型，大约出现在1000年前。因为AB型血的红细胞上既有A型抗原，又有B型抗原，因此它是最进步的血型，适应力非常强。但"成也萧何，败也萧何"，由于AB型血中含有两种抗原，使得AB型血的人与不同食物产生凝集反应的范围增加。从这个层面来说，AB型血的人的消化系统并不是很强。由于受到两种血型抗原的影响，AB型血的人胃中的消化酶分泌得很少，胃酸含量也较低，表现出新陈代谢比较缓慢，消化效率不高的现象。

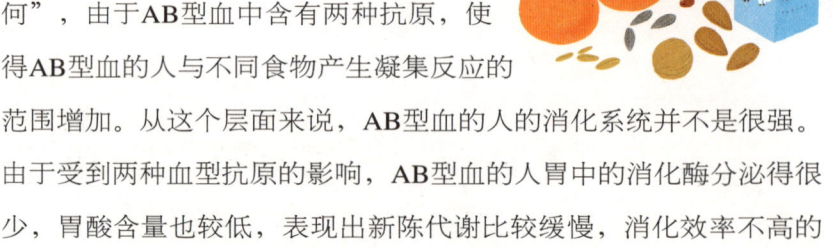

知识链接

一种饮食法，适合所有人，是真的吗

现代饮食观点提倡，所有人都应该减少动物性蛋白摄入量，增加植物纤维素的摄入，从而减轻当前"流行"的高胆固醇、高脂肪、高血压等疾病。然而，这种饮食方法真的适应所有人吗？

很多人都有这样的经历，同一种食物，别人非常适应，但自己却不行，吃了这种食物后，轻者消化不良，脸上突然冒出许多讨厌的痘痘来，重者还会拉肚子，导致身体脱水。因为每个人的身体条件与体质不同，对食物的要求也不同。如果能考虑到这一点，也许就能解释某一种食物对不同人的效果。

耕耘者
——A型血的健康饮食

> A型血的人的消化系统决定了他们的饮食要以素食为主。经常选择以谷物为主要饮食的A型血的人会精力充沛。

✻ A型血的饮食习惯

在25000年前的前亚洲或中东，一群穿着熊皮、豹衣的男女正在笨拙地刀耕火种。他们是刚刚抛弃先人狩猎的传统，学着耕种、驯养家畜的A型血人的祖先。经过长时间的演化后，他们的饮食结构发生了巨大的变化，由以吃肉为主改变成以粮食、蔬菜等植物性食物为主。这一变化也体现在血液中，并遗传下来，形成了A型血人所特有的消化系统特点和饮食结构。

饮食特点

A型血的人胃酸含量较低，胃中缺少消化酶的消化特点决定了其饮食特点。根据达达莫医生常年的研究发现，A型血的人血液中的抗原非常喜欢植物性食物中所含的凝集素，它对植物性食物，如谷物、蔬菜等素食特别钟爱。当A型血的人进食谷物类食物时，胃肠能很好地消化、吸收这些营养，并且自身新陈代谢和免疫系统也得到提高、改善。因此，在生活中，A型血人最好不要进食太多的动物性食物。因为这些食物对A型血人脆弱的免疫系统和敏感的抵抗力影响非常大。

食物选择宜忌

血型健康计划虽不是灵丹妙药，但它却是根据个人的细胞组成设计的，A型血祖先的农耕生活已经决定了这点。A型血的人如果想要让自己生活得更健康、更舒适，就必须切实遵守血型生活计划。A型血人是一个地道的素食者，因此，在吃食物时，一定要注意哪些食物是适合自己的，哪些食物是不适合的。下面是血型研究者根据多年研究统计的A型血的人生活饮食表，以供参考。

A 型血的人生活饮食表

饮品
☑ 宜：
咖啡、绿茶、红葡萄酒
❌ 忌：
啤酒、白酒、汽水、可乐

调味品
☑ 宜：
酱油、豆酱、大蒜、姜、芥末
❌ 忌：
辣椒、胡椒、醋、泡菜、蛋黄酱

水果
☑ 宜：
杏、樱桃、菠萝、李子、柚子、柠檬、无花果、黑莓、苹果、葡萄、枣、草莓、蓝莓、桃子、猕猴桃、西瓜、梨、石榴、柿子
❌ 忌：
香蕉、椰子、芒果、香瓜、蜜瓜、木瓜、橙子、柑橘

蔬菜
☑ 宜：
洋葱、甘蓝、西芹、韭菜、生菜、菠菜、南瓜、芦笋、竹笋、芹菜、黄瓜、番茄（适量）、蘑菇、玉米、萝卜
❌ 忌：
茄子、土豆、山药

肉类
☑ 宜：
鸡肉
❌ 忌：
牛肉、羊肉、猪肉、兔肉、鸭肉、鹅肉、动物肝脏、咸肉、熏肉、火腿

海产品
☑ 宜：
鳕鱼、鲇鱼、带鱼、鲈鱼、鳟鱼、鲑鱼、鲍鱼、金枪鱼、鲟鱼
❌ 忌：
凤尾鱼、蛤类、贝类、虾类、蟹类、蚌类、章鱼、鱿鱼、鱼子酱

奶制品
☑ 宜：
豆奶、酸奶
❌ 忌：
乳酪、黄油、全脂奶

油类
☑ 宜：
亚麻子油、玉米油、花生油、芝麻油

坚果品
☑ 宜：
花生仁、南瓜子、杏仁、栗子、松子、核桃仁、榛子
❌ 忌：
开心果、腰果

豆类
☑ 宜：
大豆、青豆、红豆、绿豆、黑豆、蚕豆、豌豆、豆制品
❌ 忌：
四季豆、菜豆

面食及谷类
☑ 宜：
荞麦、黑面包、玉米、小米、大麦、燕麦、年糕、米粉、大米
❌ 忌：
小麦及小麦制品

※ 生活中A型血该怎么吃

尽管A型血的人对自己身体喜欢的食物已经了如指掌，但是A型血的消化系统依然是脆弱而敏感的。即使是对其身体有益的食物，如果不按科学的"吃法"，身体一样不买账。A型血的人如何"吃"才能更加聪明、健康呢？看看下面专家教的A型血"吃法"大串烧吧。

"用油"用法揭秘

虽然食用油或脂肪是导致A型血人肥胖、生病的罪魁祸首，但这些物质也是人体脂肪、热量不可缺少的来源。A型血的人虽然是地道的素食主义者，过多的"油"会影响其健康，但对他们来说，"油"也是日常饮食不可或缺的物质，长时间不吃食用油、脂肪类食物，也会破坏营养平衡。因此，A型血的人应保证每天摄入少量的油脂，以维持身体功能正常运作。植物油、亚麻子油中含有一种不饱和脂肪，可以促进消化与排泄，非常适合A型血人，而且对A型血人易患的心血管类疾病也有较好的缓解效果。

乳制品食法揭秘

纯牛奶中含有一种碳水化合物，是带有海藻糖的基本碳水化合物，当它遇到A型血液中的特殊抗原时，会自动生成A型凝集素，并与A型血液中的红细胞发生凝集反应，从而影响A型血的人的消化系统。这就是A型血的人饮用牛奶后，常会觉得口中有胶凝味的原因。

另外，A型血不应进食纯牛奶，还因为他们天生薄弱的免疫系统。俗语说"月盈则亏"，A型血的抗原过于强大，反而使他们的免疫系统显得薄弱。因此，A型血必须通过分泌大量的黏液，以保护自身免疫系统。但过多的黏液又会"招惹"各种细菌附着，这样，A型血的免疫系统则进入了一个恶性循环。

为了保证身体的健康，A型血人的身体必须小心地保护体内黏液与细菌的平衡，争取在"招惹"最少细菌的情况下，最大限度地提高自身免疫功能。而乳制品的消化恰恰会增加黏液的分泌，引起A型血的人体内黏液分泌过多，进而危害身体健康。这也是爱喝纯牛奶的A型血的人往往爱发生过敏反应、感染以及呼吸道等疾病的根本原因。

如此说来，A型血的人就应杜绝营养的乳制品吗？专家指出，A型血的人也没有必要拒绝所有的乳制品。只要在生活中多选择无脂酸奶油以及有机乳制品，就会有效避免黏液分泌过多的问题。当然，豆奶、豆制乳酪或者生羊奶也是A型血的人很好的牛奶替代品。

A型血蔬菜食法揭秘

A型血的人是地道的素食主义者，因此蔬菜在其饮食中占有很大的比例。大部分蔬菜都很适合A型血的人食用，但也有少部分不适合。比如辣椒中的辣红素会对A型血的人原本脆弱的胃产生刺激；而很多人都爱吃的土豆、山药、圆白菜中的血凝素会对A型血中抗原产生不良反应。番茄对A型血的人来说是一种比较特殊的食物，一方面番茄中含有抗癌物质，对容易患癌症的A型血的人非常有好处；另一方面，番茄中的血凝素会对A型血的人的消化道产生刺激，所以A型血的人最好适当吃一些番茄，但不要吃得太多。

另外，无论是哪种血型，都应该生吃蔬菜。因为蔬菜中有一种免疫性物质叫干扰素诱生剂。它进入身体后，会促生细胞产生干扰素，抑制人体细胞癌变和抗病毒感染，保卫人体细胞的健康。但蔬菜中的干扰素诱生剂不耐高

温，经过烧煮后，就会流失或遭到破坏，所以，最好生吃蔬菜。

A型血的人适合生吃的蔬菜有很多，如黄瓜、胡萝卜、生菜、荸荠等。这些蔬菜除可以做沙拉外，也可凉拌或榨汁。在制作过程中，A型血的人应注意，黄瓜最好不要削皮，而莴笋等蔬菜凉拌时，最好先用沸水焯一下，用作腌渍1～2小时后再吃。

Attention A型血的人应多吃大蒜

大蒜具有刺激气味，很多人都不爱吃。但A型血的人应有意识地多吃大蒜，因为大蒜中含有多种物质，不仅具有加强B型血抗体，增强A型血人的免疫系统的功用，还具有抗癌作用，对A型血人的健康特别有好处。

水果吃法揭秘

A型血的人身体往往呈现弱酸性，为了保持健康应多摄入碱性食物。水果是日常饮食中调节身体酸碱性最好的食物之一，也是A型血饮食中维生素的最好来源，但也要讲究食用水果的科学方法。

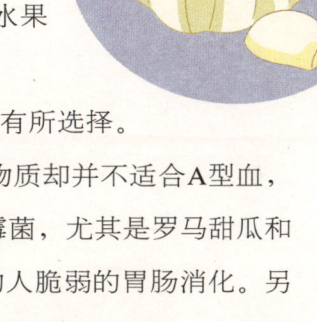

在水果的种类上，聪明的A型血人应该有所选择。因为有些水果虽然属碱性，但其中的营养物质却并不适合A型血，如甜瓜、芒果、木瓜等。甜瓜含有大量的霉菌，尤其是罗马甜瓜和蜜瓜，霉菌含量都很高，极易影响A型血的人脆弱的胃肠消化。另外，热带水果中通常含有一种消化酶，对A型血的人来说，也是有害的。因此，除菠萝外，A型血应尽量少吃其他热带水果。

在日常生活中常见的水果中，杏子、柠檬、葡萄、李子、无花果、草莓、蓝莓等，以及某些瓜类都是A型血很好的水果选择。因为长时间进食谷物食物的A型血人，容易在肌肉中形成酸性物质，而这些水果中含有的物质，恰好能平衡A型血人身体中的酸性。尤其是柠檬和葡萄，消化后的产物不仅呈现碱性，能促进A型血的消化，而且能清除A型血人的消化系统分泌的过多的黏液。

A型血多吃香蕉、柑橘好吗

很多A型血的人都喜欢吃香蕉和柑橘，并称之为"最爱"。可是香蕉、柑橘却并不是A型血的人最好的水果选择。因为香蕉中所含的血凝素会阻碍A型血人的消化，而柑橘则会刺激A型血的人脆弱的胃肠，并妨碍人体对矿物质的吸收。

✱ 健康食谱

A型血的人的祖先最早从事农耕，这类人的食谱以植物性食物为主，下面介绍几种适合A型血人的食谱。

1 〔大豆〕 soybean

大豆含有丰富的蛋白质以及少量脂肪和微量元素，自古以来一直就是A型血人的最佳食物。大豆不仅是非常优良的营养源，而且含有多种具有生物活性的物质，如低聚糖、大豆皂苷、大豆异黄酮、大豆磷脂等物质，有利于A型血的人的消化、吸收。

黄豆粥

材料	籼米100克，黄豆50克。	调料	白糖。

做法

1. 黄豆洗净，用温水浸泡2小时；籼米洗净，用温水浸泡30分钟。
2. 锅置火上，加入适量清水，放入黄豆、籼米大火煮沸，再用小火慢慢熬煮至米、豆软烂。
3. 加入白糖搅匀，再稍焖片刻即可。

素炒黄豆芽

材料	黄豆芽500克。	调料	植物油、葱花、蒜片、料酒、酱油、白糖、盐、味精、水淀粉。

做法

1. 黄豆芽用清水洗净，沥水备用。
2. 锅置火上，放入适量植物油烧至六成热，放入葱花、蒜片爆香，烹入料酒，放入黄豆芽、酱油翻炒几下，再放入白糖、盐、清水搅匀。
3. 加盖，用小火烧至汁浓时，加入味精，用水淀粉勾芡即可。

2 〔鸡肉〕 chicken

鸡肉是A型血人宜吃的肉类，其营养非常丰富。鸡肉中蛋白质的含量较高，而且易消化，易被人体吸收利用，有增强体力、强壮身体的作用。此外，鸡肉中还含有对人体生长发育有重要作用的磷脂类，是A型血人膳食结构中脂肪和磷脂的重要来源之一。

素炒鸡丁

材料 净鸡肉250克、鸡蛋1个（取蛋清）、青椒50克。

调料 植物油、干淀粉、水淀粉、盐、料酒、味精、鸡汤。

做法

1. 鸡肉洗净，沥水，用刀背捶松后，切成小丁放入盘内备用。
2. 取一空碗，放入适量料酒、味精、盐、蛋清、干淀粉拌匀，放入鸡肉丁上浆备用；青椒去蒂、子，洗净，切成小丁。
3. 炒锅置于火上，加入适量植物油烧至五六成热，放入鸡丁，搅散，待鸡丁呈白色时，捞出沥油备用。
4. 炒锅内留少量底油，烧至六成热，放入青椒丁略煸炒几下，倒入鸡丁，加入适量盐、味精、鸡汤翻炒几下，用水淀粉勾薄芡即可。

芥末鸡条

材料 白卤熟子鸡肉500克，大蒜5瓣，姜10克。

调料 芥末、盐、味精、醋、香油。

做法

1. 熟鸡肉去净骨，切成5厘米长、0.5厘米粗的条。
2. 大蒜去皮，洗净，碾成泥；姜洗净，切末；芥末放入碗中，用沸水调匀，用纸封严，加温约15分钟后再加入姜末、蒜泥和其他调料搅匀成汁。
3. 食用时，将调好的汁倒入鸡肉条内，拌匀即可。

A型血的食品补充与禁忌

虽然A型血的人的饮食要求与现代提倡的营养观点十分符合，都要求在饮食中增加植物性食物的摄入，但是随着日渐增大的生活压力，A型血的人天生的身体素质容易导致某些营养物质流失。因此，A型血的人应有意识地补充某些食品，以平衡身体营养，而且补充食品应根据血型原则，有所禁忌。

✻ A型血易流失的营养

随着现代人生活水平的提高，饮食摄入逐渐变得不平衡，谷类、肉类、乳制品等食物摄入过多，蔬菜、水果摄取不足。生活节奏的加快，很容易导致A型血的人身体中营养的流失。

易缺维生素B

不同的血型有不同的适应食物种类，身体抗原的情况决定着身体容易流失的营养。对于A型血的人来说，他们体内黏液分泌过多，身体呈现酸性的特点，极易导致水溶性物质B族维生素的流失。而且A型血的人的消化系统相对于其他三种血型弱，肠吸收、细胞转化慢，辅助酶活性相对不高，也会导致B族维生素不足。

除此之外，A型血的生活习惯也容易导致B族维生素的流失。因为B族维生素不仅易溶于水，还容易受到光、热的影响，很难被身体快速吸收。因此，对于以植物性食物为主的A型血的人来说，长期食用精米、精面的生活习惯容易导致体内维生素摄入不足；现代生活中，如应酬中饮酒、熬夜工作也会导致B族维生素的流失。

易缺的其他营养

虽然A型血的人身体适应植物性食物，并且大部分营养都已在科学的饮食中获得，但从营养平衡这个方面来说，A型血的人的饮食中难免会缺少一些重要的营养成分，例如，构成身体细胞必需的蛋白质以及矿物质铁元素和钙元素等。

生理特点要求

A型血的人消化系统薄弱，对A型血有害的血凝素容易透过消化道壁上的细胞间隙，进入到A型血的血液中。为了提高消化道对外来有害血凝素的抵抗力，A型血的人应适当补充一些维生素C、矿物质硒等物质，以帮助胃酸分泌，提高免疫力。

补充营养的目的

对于现在日渐忙碌的人们来说，补充营养不一定是等到身体缺乏才补。即使身体没有营养素缺乏症状，为了健康，也应适当补充平常饮食中容易缺乏的营养素，为身体提供额外的保护。对于A型血的人来说，补充营养可以帮助其免疫系统增强功能，补充防癌的抗氧化剂；预防敏感的A型血的人感染病毒；强化A型血的人的心脏。

Attention A型血生活饮食小妙招

A型血人容易缺乏的物质在生活中都可以找到，比如调味料。对A型血的人来说，调味料不仅仅是一种增加食物风味的东西，用心搭配还可以有效提高身体的免疫系统。最常见的是由豆类所制的调味料，如酱油、老抽等，对A型血人的身体大有好处。因为根据血型专家统计，A型血的人容易患心脏疾病，而低钠的调味料可以有效降低A型血人的心脏病患病率。

＊ A型血应补充的营养

俗话说"缺什么补什么"，身体如果长期处于某种营养素流失情况下，会对各运作器官产生意想不到地影响。对于免疫系统脆弱而敏感的A型血的人来说，流失的或者易流失的物质，都要尽快补充，以免对身体造成大危害。

B族维生素补充

由于A型血人的免疫系统特点，决定了他们需要适当补充B族维生素，例如，A型血的人患贫血、心脏病的概率注定要大于其他三种血型的人，因此他们应该少量补充叶酸和烟碱类食品或补充剂。

A型血补充B族维生素的烹调方法

维生素是一种不稳定的物质,容易在烹调过程中流失。一般说来,煎、炸的烹调方法会破坏鱼肉以及其他肉类表面的B族维生素,但对存在于内部的B族维生素破坏较少;沸水煮菜,B族维生素的损失比例在8%;利用微波将冷冻的鱼肉、鸡肉、牛肉进行化冻,B族维生素的损失率不会超过15%。总体说来,除了烧、烤的方法外,大部分的烹调过程不会破坏B族维生素或B族维生素较少,这为A型血的人通过食物补充B族维生素提供了有利条件。

A型血的人应该注意的是,烟酸是一种与其他B族维生素一样,容易藏身于动物肝脏、酵母、糙米、全谷制品、瘦肉、蛋、鱼类、干豆类、绿叶蔬菜、牛奶中,其中除了蛋类、牛奶和瘦肉需要控制外,其他富含烟酸的食物,A型血的人都可以放心食用。

由于B_{12}是一种需要肠道分泌物帮助才能被吸收的维生素,而A型血的人的肠道功能相对较弱,所分泌的消化液略显不足,因此维生素B_{12}成为A型血的人最容易流失的物质。可以这样说,A型血的人在人生的每个阶段,都有维生素B_{12}缺乏的情况,尤其是年老的A型血的人。由于维生素B_{12}不足,很多A型血的人年老时,都产生了老年痴呆症或其他神经性损失的症状。因此,A型血的应注意随时补充维生素B_{12}。

需要指出的是,维生素B_{12}与维生素C相斥,如果在补充维生素B_{12}的过程中,摄入了过量的维生素C,维生素B_{12}将得不到很好的吸收。另外,虽然A型血的人应该补充维生素B_{12},但也不可过量摄入,否则不仅会导致叶酸缺乏,还会引发哮喘、湿疹、面部水肿、寒战等过敏反应,增加心前区痛、心悸、心绞痛的发病症状。

维生素C补充

提到维生素C,很多人都会不由自主地想到水果。有人甚至认为只要经常吃水果,身体就不会发出缺乏维生素C的预警。但事实上,这种看法是片面的,这有两方面的原因：一方面，并不是所有的水果维生素C含量都高，如草莓与菠萝相比，很多人认为菠萝口感很酸，维生素C的含量一定很高，但经过专家检测，100克菠萝中所含维生素C远远比不上100克草莓；另一方面，不同水果的生长过程、储存方式也影响着水果中维生素C的含量。一般说来，在生长过程中接受日晒越少的水果，所含的维生素C含量越少，冷冻储存时间越长，维生素C流失越多。因此，打算通过水果补充维生素C的A型血的人要注意以下几点：

含维生素C食物排行榜

排名	水果	维生素C量(mg/100g)
1	樱桃	1000
2	鲜枣	410
3	番石榴	270
4	猕猴桃	130
5	柑橘	117
6	山楂	89
7	草莓	80
8	柿子	75
9	柠檬	70
10	番茄	65

❶ 一般华丽的水果，尤其是水果上有"福""富"等装饰，或者用纸袋包裹起来的水果应少买。

❷ 无论什么季节，想要补充维生素C，就应多吃应季水果，例如，春季多吃菠萝、草莓；夏季多吃葡萄、番石榴、李子、杏等，秋季应多吃柿子、梨、枣；而冬季应多吃苹果。

❸ 不要一次性购买大量水果，因为水果在冰箱中放置时间越长，维生素C的损失就越多。

❹ 注意一天进食水果的数量。一般说来，成人一天大约需要60毫克维生素C，过多摄取反而会导致维生素流失，或者促进身体中大量草酸形成，引发结石病。

> **知识链接**
>
> **A型血的人口服维生素药剂必知**
>
> 　　除了以食物补充维生素外，很多人喜欢通过服用富含维生素的药剂来补充维生素。但需要提醒A型血的人，俗话说"是药三分毒"，并不是维生素补充得越多越好。通常情况下，成人每天摄入的维生素C的含量应保持在10毫克以下，而维生素E的摄入量不应超过400IU（国际单位），即一天服用2～4颗维生素C片剂，最好是从玫瑰果中萃取的，维生素E则最好保持在2颗，否则会引起维生素中毒，或其他疾病。

　　因此，对于含维生素C比较多的水果，如番茄、猕猴桃等，一天1～2个就够了。如果是鲜枣或草莓，只要5～6粒，即可摄取到一天所需的维生素C。

维生素E

　　对于A型血的人来说，维生素E并不是身体容易流失的物质。但他们需要补充维生素E，是因为A型血的人最容易患癌症与心脏病，而维生素E能帮助他们有效预防这些疾病的发生。

　　维生素E是一种很不稳定的物质，容易受到光、热、碱性物质的破坏。例如，富含维生素E的坚果或谷物，在焙烤、加工过程中，损失率可达到80%；绿色蔬菜经过烹调，维生素E的损失率也达到65%。因此，如果A型血的人有意识地补充维生素E，最好减少食物烹制、加工过程，能生吃的食物最好生吃。

　　日常生活中，维生素E多存储于谷类种子的胚芽及绿叶蔬菜的脂质中，常见的富含维生素E的食物有：谷物、蔬菜、坚果，以及由谷物种子压榨出的小麦胚芽油、葵花子油、花生油等各种植物油中。水果及动物性食品，如肉、鱼类中维生素E含量则很少。维生素E的这种"含量分布情况"很适合A型血的人的饮食习惯，尽管小麦是A型血的人应该避免的食物，但小麦胚芽油却是适合A型血的人的物质。

　　适合A型血的人补充维生素E的食物包括杏仁、榛子、玉米、胡桃、葵花子、菠菜、甘蓝、甘薯，以及蔬菜油、玉米油、红花子油、大豆油、棉子油和小麦胚芽油等。

钙质补充

钙、铁、锌、硒等矿物质对身体健康有重要作用。众所周知，钙是人体骨骼健康、生长的重要成分，但由于A型血的人的饮食中，谷物、蔬菜等植物性食物含有钙、铁、锌、硒等矿物质很少，因此，A型血的人身体容易表现出矿物质缺乏的情况。专家建议，A型血的人应适当补充矿物质。

在食物中，A型血的人最好选用富含碳酸钙类的食物补充。一般说来，葡萄糖酸钙、柠檬酸钙都是A型血的人能忍受的碳酸钙类型，但从A型血的人脆弱的消化系统层面来说，各种钙制品中，没有比乳酸钙更适合A型血的了。除此之外，A型血的人适合吃的富含钙的食物还有：酸奶、豆奶、蛋、带骨头的罐装鲔鱼、带骨头的罐装沙丁鱼、山羊奶、西蓝花、菠菜等。

铁质补充

铁是身体运行所需要的重要物质。身体所需要的铁质大多存在于瘦肉中。因为A型血的人很少吃瘦肉，所以摄取到的铁质较少，也需要额外补充。适合A型血的人食用的富含铁质的食物有：全谷类、豆类、无花果、赤糖浆等。

锌的补充

锌、硒都是身体增加免疫力的重要保障。但对于矿物质锌的补充，A型血的人应慎重选择。微量的锌可以增加身体免疫力，一旦补充的剂量过多，就很容易出差错，不仅会损害身体的免疫系统，而且还会妨碍A型血的人对其他矿物质的吸收。因此，A型血的人最好使用食物补充法，适合A型血人食用的含锌的食物为蛋类、豆类。

不同年龄段对锌的需求量表 (单位：mg)

年龄段	足月产儿	1~3岁	4~9岁	10~13岁	成年男女	孕妇	乳母
所需量	0.7~5	3	3~10	13	2.2	2.5~3.0	5.45

硒的补充

硒是有助于身体抗氧化防御系统的重要物质，而且对A型血的人来说，也具有预防癌症的功效。但A型血的人千万不要自行补充矿物质硒，因为硒在身体内的含量一旦超标，就会导致硒中毒。最好采用食补法，富含硒又适合A型血的人的食物有大蒜、荠菜、蘑菇、大白菜、南瓜、豌豆、萝卜、韭菜、洋葱、番茄、莴笋等。

在这里需要指出的是，食物中硒的含量高，并不代表着人体对其吸收也高。一般说来，人类对菌类中所含硒的利用率相对较高，可以达到70%～90%，而对鱼类、谷类所含的硒利用率较低。因此，对于A型血的人来说，正确的摄取硒的方式是：多吃强化补充有机硒的食品，如富硒酵母、蘑菇或者富硒大蒜等。另外，多吃水果、蔬菜等富含维生素A、维生素C、维生素E的食品也有助于硒的吸收。

A型血的人能多吃鸡肉吗

鸡肉是A型血的人可以吃的为数不多的肉类食品之一。但爱吃肉食的A型血的人还是要注意，即使是有益也不要吃得太多，最好是一周吃2～3次即可。因为A型血的人胃酸含量低的特性使得他们不容易将肉类完全消化吸收，而且多吃肉食还会影响体重，爱美的A型血女性尤其要注意！

益生菌的补充

由于A型血的人消化系统脆弱，而且在生活中可能已经形成了自己独特的饮食习惯，如果立刻遵从血型饮食的规则，很有可能出现身体不适，如有多余的身体废气和肿胀的情况。A型血的人可以在改变饮食习惯之初，补充益生菌补充剂。这种益生菌可以补充消化道里的"良性"细菌，改善消化器官中的消化环境，从而达到改善不舒服的生理症状的目的。另外，有非常重要，这种益生菌非常适合A型血人的抗原。

Attention 何谓益生菌

国际营养学界普遍认可的定义是：益生菌系一种对动物有益的细菌，它们可直接作为食品添加剂服用，以维持肠道菌丛的平衡。在国外已开发出数以百计的益生菌保健产品，其中包括：含益生菌的酸牛奶、酸乳酪、酸豆奶以及含多种益生菌的口服液、片剂、胶囊、粉末剂等。迄今为止，科学家已发现的益生菌大体上可分成三大类，其中包括：乳杆菌类、双歧杆菌类、革兰氏阳性球菌。此外，还有一些酵母菌与酶亦可归入益生菌的范畴。

＊A型血补充营养的禁忌

身体对营养素的需求是有标准的，并不是越多越好。A型血人的身体状况决定了这样的规律，那些具有氧化作用的食物或物质最好少用，比如胡萝卜素等。

胡萝卜素

在人们的印象中，胡萝卜素一直是一种营养物质，对身体有众多的好处。但最近有研究指出，如果身体摄入了高剂量的胡萝卜素，就会产生类似氧化剂的效果，不仅不能抑制组织的损害，相反，还会加速破坏身体免疫系统。如果这个研究得到证实的话，A型血的人就要注意了，多吃胡萝卜或者其他富含胡萝卜素的食物，会使得自身敏感而脆弱的免疫系统更加脆弱。这样，A型血的人也许应该停止补充胡萝卜素，转而摄取含有大量的抗胡萝卜素的食物。生活中，常见的富含胡萝卜素的食物有：蛋、南瓜、胡萝卜、菠菜和西蓝花。如果你是A型血，而且又喜欢吃这些食物中的某种食物，鉴于上述研究，最好要控制一下，保持每周吃2～3次这类食物就好。

不过，值得注意的是，随着年龄的增长，身体功能的变化，人体吸收脂溶性维生素的能力会减弱，这时，A型血的人又会因为缺乏维生素A或胡萝卜素而引发一系列身体问题。因此，随着年龄的增长，A型血的人应摄取少量的维生素A或胡萝卜素补充剂，保持每天摄入10000IU，以抑制免疫系统的老化。

畜牧者
——B型血的健康饮食

> B型血的人的饮食密码是四种血型中最具开放性的，不仅可以很轻易地接受不同的饮食，而且还具有令其他三种血型羡慕的强大的吸收"功力"。因此，也有人说B型血的人就像是四种血型中的"小仙人"，具有神秘而开放的消化吸收能力。

※ B型血的饮食习惯

从血型的发展历史来看，B型血的祖先是最早习惯于气候和迁徙生活的游牧民族，饮食多以奶制品、牛羊肉等动物性食物为主。同时，由于B型血祖先是在A型血的基础上发展、进化而来，他们继承了A型血对植物性食物消化的某些功能，成为四种血型中饮食最不受食物种类限制的"完美"血型。

B型血的饮食特点

B型血大约形成于15000年前，是继O型血、A型血后，地球上第三个出现的血型。据血型研究者调查，B型血的人与狩猎者O型血的人的饮食习惯非常相似，有可能是游牧民族的后裔，通过调查也显示蒙古族等游牧民族大多数人都是B型血。

游牧民族多以肉类为主要食物，B型血的祖先也是如此。长期的饮食习惯，让B型血的祖先有了一个强健的消化系统和免疫系统，血液中抗原也对各种食物表现出了亲切的友好性。无论是蔬菜、肉类，还是瓜果、乳制品，B型血的人都可以毫无顾忌地"包揽"于胃中，而不用顾及身体里暗暗发生的凝集反应。现代的B型血的人传承了祖先的身体特点，具有强大的消化系统以及高效的新陈代谢作用，而且适应能力很好，既能够有效地消化吸收动物性食物，又可以消化吸收植物性食物，成为四种血型中，最具"食运"的一类人。

在具体饮食上，B型血的人的选择范围要远远广于A型血的人。B型血的人的食物种类基本包括了日常生活中常见的各类食物，需要刻意避免的有害食物不多。由于食物选择范围广泛，B型血的人可以均衡地吸收各个方面的营养，如动物蛋白质、植物蛋白质以及各种所需的维生素和矿物质，表现出均衡、健康的饮食特点。

食物选择宜忌

根据统计，B型血是目前世界上人数较多的一个血型，在近代以前一直被隔离在欧亚大陆几条大山脉的北方。如果一个B型血的人能够认真地坚持和遵循B型血的饮食计划，他天生强健的免疫系统和抵抗力会得到进一步地增强，从而防止各种严重疾病的发生。在日常生活中，B型血的人都可以选择哪些食物呢？血型研究者根据多年研究统计的B型血的人生活饮食表，可以给你答案。

✽ 生活中B型血该怎么吃

相对于其他血型来说，B型血真的算是具有"完美食运"的快乐"小仙人"，肉类、奶制品、蔬菜、水果任其肆意挑选。尽管如此，B型血还需小心，因为B型血的抗原中还有一些不为人知的秘密。

知识链接

B型血的人的饮食形态

对于B型血的人来说，具有强健的消化系统和免疫系统是他们最有效的防护盾牌。无论是荤肉，还是素菜，B型血的人都适宜，但值得注意的是，任何时候都不应过量，否则过量的食物血凝素将打破体内抗原的平衡。另外，B型血的人平常应多吃乳制品、豆类、水果、瘦肉、新鲜蔬菜等。

B型血的人生活饮食表

饮品
宜：绿茶、啤酒、咖啡、茶、葡萄酒

忌：白酒、汽水、可乐

调味品
宜：咖喱粉、生姜、辣椒、大蒜、大料、丁香、香葱、孜然粉、辣椒、酱油、白糖

忌：桂皮、玉米淀粉、玉米糖浆、黑胡椒粉、白胡椒粉、红薯淀粉

水果
宜：香蕉、菠萝、木瓜、李子、葡萄、苹果、杏、无花果、黑莓、猕猴桃、草莓、蜜瓜、橙子、橘子、西瓜、桃子等

忌：椰子、柿子、仙人掌果、石榴

蔬菜
宜：芹菜、甜菜、菜花、胡萝卜、圆白菜、甘蓝、土豆、山药、茄子、蘑菇、芦笋、竹笋、南瓜

忌：无

肉类
宜：牛肉、水牛肉、肝脏、火鸡、野鸡、羊肉、兔肉、鹿肉

忌：咸肉、熏肉、鸡肉、鹅肉、心脏、火腿、鸭肉、鹌鹑、猪肉

海产品
宜：鳕鱼、比目鱼、鲇鱼、鲭鱼、鳟鱼、鲱鱼、鳎鱼、三文鱼、沙丁鱼、鲟鱼、鲍鱼、金枪鱼、鲤鱼、扇贝、鱿鱼

忌：凤尾鱼、梭鱼、鲸鱼、螃蟹、海螺、鳗鱼、牛蛙、虾、蛤、牡蛎、章鱼、蜗牛

奶制品
宜：羊乳酪、山羊奶、酸奶、脱脂奶、全脂奶、黄油、大部分的乳酪

忌：冰淇淋

油类
宜：亚麻子油、鳕鱼肝油

忌：玉米油、花生油、芝麻油、葵花子油、棉花子油

坚果品
宜：杏仁、栗子、核桃仁

忌：腰果、开心果、榛子、松子、花生仁、南瓜子、葵花子

豆类
宜：大豆及大豆制品、青豆、四季豆、蚕豆、绿豆、豌豆

忌：红豆、黑豆、小扁豆、斑豆

面食及谷类
宜：米饼、小米饼、年糕、米粉、糙米粉、大米、小米、大豆饼、燕麦、非小麦做的高蛋白面包、糙米

忌：玉米制品、黑麦、小麦、荞麦、大麦

吃肉的方法

由于B型血的人强大的消化能力，大部分的动物蛋白质都可以被他们很好地消化吸收，而且对他们的身体是有益的。但鸡肉、鸭肉以及经过加工的肉类，如腌肉、咸肉、熏肉、火腿等却是他们的死敌。因为在这些肉类中含有一种特殊的蛋白质，与B型血的人的抗原结合后，会导致B型血的人的血液变黏稠，从而增加患中风的概率，或增加B型血的人免疫系统功能失调的潜在危险性。

据专家研究，虽然B型血的人对鸡肉、鸭肉、熏肉很"排斥"，但他们血液中的抗原对口味、肉质相同的火鸡肉或野鸡肉却很适应。值得B型血的人庆幸的是，火鸡肉或者野鸡肉中并不含对B型血有害的那种特殊的蛋白质，不会对他们的身体造成危害。另外，B型血的人也可以吃鸡蛋，鸡蛋也不含有鸡肉中存在的那种对B型血人的健康有害的特殊蛋白质。

对B型血的人来说，最好的肉类食物是瘦肉。这是因为瘦肉中不仅脂肪含量比较少，而且瘦肉的血凝素可以与B型血的抗原很好地融合。

研究者还发现，生活中多吃瘦肉的B型血的人，无论是免疫功能，还是体力都会比不爱吃瘦肉的B型血的人强。对于容易患慢性疲劳综合征的B型血的人来说，瘦肉更是帮助他们尽快消除疲劳，恢复体力的好食品。所以B型血的人应该多吃一些瘦肉。生活中常见的适合B型血的人的瘦肉有牛肉、羊肉、兔肉等。

吃海产品的方法

适合B型血的人的食物中，海产品算是比较特殊的一类。虽然海产品中的鱼类，也是B型血比较好的蛋白质来源，但他们对鱼类蛋白质的依赖，并不像A型血的人那么完全，B型血的人从鱼类中获取的是多种矿物质营养。因此，最适合B型血的人的海产品是鳕鱼、鲑鱼等，尤其是深海中富含鱼油的鱼类。因为鱼油可以促进他们的新陈代谢。

在海产品中，B型血的人不能染指的是虾、蟹等有壳的海鲜，因为这些食物中含有对B型血的人有害的血凝素，不仅对B型血的人没有好处，而且会引起皮肤过敏的症状。

Attention B型血的饮食搭配

由于B型血的人饮食范围选择较广，因此更应注意日常生活中的饮食搭配。

酸碱食物搭配。不同的食物进入身体后，会使人体血液呈现出或酸性或碱性等不同的类别。近些年来，由于生活水平提高，生活中肉类食品摄入难免过高，致使血液酸化，从而引发了各种富贵病，喜爱吃肉的B型血的人应多加重视。

营养素搭配。B型血的人在生活中，一定要注意多吃高蛋白低脂肪的食物。另外，水也是一种重要的营养素，B型血的人千万不要忘记补充。

生熟相配。为了更好地保存营养，生吃食物现已成为一种时尚。吃生蔬瓜果、鲜虾、银鱼等可以摄入更多的营养素，但必须注意食品卫生。

吃奶制品的方法

奶制品营养丰富，但所含物质复杂，并不适合所有的血型。A型血的人胃中胃酸分泌较少，进食大量奶制品后反而不利于消化，而且A型血的血液中某些物质极易与纯牛奶中一些物质发生凝集反应，从而会造城A型血人的不适感。而对B型血的人来说，则不会出现这种情况。因为奶制品乳糖的成分与B型血的人血液抗原的主要成分很相似，这使得B型血的人可以很好地消化吸收奶制品，成为了四种血型中唯一一种能够完全享用各种奶制品的"快乐"血型。

根据专家研究发现，生活中很多B型血的人并不喜欢喝纯牛奶，因为他们喝过纯牛奶后会产生两种感觉：一是纯牛奶的口味比较淡；二是纯牛奶似乎能让B型血的人有"上火"的感觉。其实，这些都是B型血人的错觉。很多B型血的人都有这样的经历，当他们吃不喜欢的某种奶制品时，他们

- 牛奶最好不要冰镇后饮用
- 牛奶最好也不要加沸饮用
- 不要空腹喝牛奶
- 不要过多饮用，每天应以200～400毫升为宜，而且最好晚上喝

心里会产生讨厌的感觉,但如果他们坚持吃一段时间后,就会发现他们已经爱上了这种食物。这与B型血的人体内含有沸腾的B型血因子有关。

当然,为了B型血的人更好地消化吸收,在饮用牛奶时,他们还应该注意以下几点:

❶ 牛奶最好不要冰镇后饮用。经过低温冷藏或冷冻,牛奶中的脂肪、蛋白质已经分离,这时候饮用,不仅喝起来味道很淡,而且也不利于身体的消化吸收。

❷ 牛奶最好也不要加沸饮用。专家提醒,牛奶经过加沸后,营养成分会有部分流失。如果非要加热的话,也不要放到微波炉中加热。因为微波炉加热速度过快,使得牛奶中主要营养成分维生素C以及乳糖大量流失。

正确的加热方法是把鲜牛奶倒入专门的牛奶锅中,烧至60~70℃,保持3~6分钟即可。另外,煮牛奶时不能用铜器,而且应避免日光照射。因为鲜奶中的B族维生素、维生素C受到日光照射后易分解,即使是微弱的阳光照射超过6小时,也会使B族维生素减少一半。

❸ 不要空腹时喝牛奶。人体在空腹时,体内分泌的乳糖酚会大大减少。乳糖酚是一种能帮助消化奶制品蛋白质的物质,它的减少不利于牛奶营养成分的消化吸收。另外,空腹饮用大量牛奶,奶中的乳糖不能被及时消化,被肠道内的细菌分解而产生大量的气体、酸液,刺激肠道收缩,容易出现腹痛、腹泻的症状。

❹ 虽然B型血的人可以快乐享用奶制品,但也不要过多饮用,每天应以200~400毫升为宜,而且最好晚上喝,对容易疲劳的B型血的睡眠非常有益。

吃谷物的方法

B型血的人虽然是快乐的"完美型"饮食主义者,但他们对谷物,尤其是麦类并不像A型血的人对谷物那样具有开放性。

> **酸奶不适合B型血的宝宝**
>
> 酸奶因口味酸甜，富含益生菌而深受大家欢迎，尤其是小宝宝。虽然B型血的人可以享用任何奶制品，但酸奶却并不适合B型血宝宝。因为酸牛奶中的乳酸菌生成的抗生素，虽能抑制和消灭很多肠道病原菌的生长，但也破坏了对人体有益菌群的生长条件，会影响正常消化功能。尤其宝宝在患胃肠炎时，如果给他们喂酸牛奶，还可能会引起呕吐和坏疽性胃肠炎。

血型研究者经过多年研究发现，谷类食物中所含的血凝素非常喜欢B型血的人体内脂肪中的胰岛器官。

它一旦进入B型血的人的体内，就会附着在B型血的人的胰岛上，妨碍胰岛素的产生，影响胰岛的效率，从而破坏B型血的人新陈代谢的效率。

在谷类食物中，玉米和荞麦是B型血的大敌。因为这两种食物比其他的谷类食物更能减缓B型血的新陈代谢，是导致B型血的人疲倦和体内水分滞留的主要原因。现代社会中，大部分肥胖的B型血人都是因为进食了过量的谷类食物。

※ B型血的健康食谱

B型血是完美的饮食血型，不仅具有强大的消化功力，而且还具有令其他三种血型羡慕不已的牛奶吸收功能，可谓是四种血型饮食中的"战斗机"。

1 〔芹菜〕Celery

芹菜中含有丰富的蛋白质、纤维素、矿物质成分，而且其中B族维生素、维生素P的含量较多，具有丰富的营养价值。中医说芹菜可"甘凉清胃，涤热祛风"，有利于名目和养精益气、补血健脾，非常适合B型血的人食用。

芹菜香菇粥

| 材料 | 芹菜50克，水发香菇2朵，大米100克。 | 调料 | 植物油、盐、味精。 |

做法

1. 芹菜择洗净，切小丁；香菇洗净去蒂，切小丁；大米淘洗净。
2. 锅置火上，倒入清水，加入大米大火煮沸后转小火，熬煮30分钟。
3. 另取炒锅置火上，倒入油烧至六成热后放入芹菜丁、香菇丁翻炒出香味后，加入大米粥中，加盐继续煮10分钟，放味精调味即可。

2〔牛肉〕Beef

牛肉含有丰富的蛋白质，氨基酸组成比猪肉更接近人体需要，能提高机体抗病能力，对生长发育及手术后、病后调养的人非常有益。寒冬食牛肉，有暖胃作用，为寒冬补益佳品。

牛肉焖黄豆

材料	黄豆200克，牛肉400克。	调料	植物油、番茄酱、料酒、味精、姜末、葱花、水淀粉、盐、白糖。

做法

1. 黄豆用清水浸泡透；牛肉洗净后，切成片，加入盐、料酒腌渍30分钟。
2. 锅置火上，放入植物油，烧到六成热时，下姜末爆出香味，再放入腌渍好的牛肉片翻炒。
3. 加入黄豆，适量清水、盐、白糖，大火煮沸后，再小火煮20分钟，将黄豆、牛肉焖至熟软后，加入番茄酱翻炒。
4. 起锅前，用水淀粉勾芡，加味精调味，撒上葱花即可。

Attention 吃牛肉的不宜事项

牛肉虽然营养丰富，素有"肉中骄子"之称。但是也不宜常吃，最好以一周1次为宜。而且由于牛肉脂肪、胆固醇含量比较高，肌肉纤维比较粗糙，不易消化，因此B型血的老人、幼儿不宜多吃，或者适当吃些嫩牛肉。

3 〔鱼〕Fish

鱼中含有丰富的蛋白质以及矿物质，对人体有较强的保健功能。对于消化功能较强的B型血的人而言，鱼肉是最好消化、吸收的肉类食物之一。

松仁鱼米

| 材料 | 鳜鱼1条,青椒、红椒各1个,鸡蛋1个（取蛋清）、松仁100克。 | 调料 | 水淀粉、料酒、葱末、植物油、味精、盐。 |

做法

1. 将青椒、红椒去蒂、去子，洗净，切成粒；鳜鱼处理洗净，切成丁，装入碗中，放入鸡蛋清、盐、料酒、水淀粉搅拌均匀。

2. 锅置火上，放适量植物油，烧到四成热，下松仁炸至金黄色，捞出沥油；再将鱼丁放入锅中滑散，盛出沥油。

3. 锅内倒入少量植物油，下葱末炒香，再把切好的青、红椒粒入锅，加入少许盐翻炒，接着把松仁、鱼丁入锅，用剩下的水淀粉勾芡，翻炒几下，收汁后关火，加味精调味即可。

4 〔南瓜〕Spanish gourd

南瓜中含有的维生素和果胶，具有很好的吸附性，能黏结和消除体内细菌毒素和其他有害物质，是B型血的人的解毒"灵丹"。

胡萝卜南瓜汤

| 材料 | 南瓜200克，胡萝卜、番茄、猪瘦肉各100克。 | 调料 | 植物油、姜丝、葱丝、盐、鸡精。 |

做法

1. 将南瓜去皮、去瓤，洗净，切成片；猪瘦肉洗净，切成丝；胡萝卜洗净，切成片；番茄洗净，去蒂切成四瓣。

2. 锅置上火，放入植物油大火烧至六成热时，放入姜丝炒香，下南瓜片、胡萝卜片，加入盐翻炒，再加入肉丝炒匀，加水大火煮沸后，加番茄瓣，转小火煮10分钟，直至煮烂，加入葱丝，用鸡精调味即可。

B型血的食品补充与禁忌

B型血的人的饮食选择范围非常广泛，他们摄取的营养也是非常均衡的，基本上包含了食物中各种营养素。但B型血的人也很特殊，或者也可以说很幸运。由于他们特殊的抗原体质，决定了他们很能吸收钙质，这样，就造成了他们体内另外一种物质的不平衡。

✱ B型血易流失的营养

B型血祖先的游牧习惯赐予了现代B型血的人一个近乎"完美"的体魄。他们几乎可以吃遍各种动物和蔬菜，无论是油腻而不好消化的肉类，还是促进消化的高纤维素，B型血的人都可以"包揽"于口中。因此，从这个角度来说，B型血的人并不需要像A型血的人那样，要额外补充众多的营养物质。

易缺矿物质镁

B型血强健的消化、吸收系统，使营养物质较难流失。然而，严格说来，B型血的人确实是易缺乏矿物质镁的人群之一。这是什么原因呢？

经过专家研究统计发现，B型血的人是一个非常特殊的人群，其他血型者都很容易缺乏钙质，但B型血人的却很能吸收钙质。这样一来，吸收了过多钙质的B型血人体内的矿物质含量就失去了平衡，进而表现出缺乏矿物质镁的症状。

另外，B型血的人在食物中很难吸收到矿物质镁，也成为他们易缺乏镁的主要原因之一。矿物质镁是一种多存在于整粒的种子、未经碾磨的谷物、青叶蔬菜、豆类和坚果等食物中的物质。

相反，在B型血的人喜欢的鱼、肉、奶和水果等食物中，矿物质镁的含量却较低，并且在加工过程中，镁几乎会全部损失掉。这成了B血型的人缺失镁的主要原因。

Attention 矿物质镁细解

在身体中，虽然矿物质镁是一种微量营养素，但却有着非常重要的作用。它参与生物体正常生命活动，每天，它要为身体中的300多种酶提供原料或催化剂，同时还担负着制造蛋白质、组成遗传物质DNA、影响钾离子和钙离子的转运、调控神经信号的传递以及促进脂肪代谢的重任。

除此之外，矿物质镁还具有维持物质的结构、维持基因组的稳定性、激活身体各功能、抑制催化酶和调控细胞周期、细胞增殖及细胞分化等多种生物功能。

矿物质镁含量不足，会影响B型血的人新陈代谢的速度，从而降低其免疫系统功能和抗病毒的能力。医生还发现，当B型血的人身体内缺乏镁时，很容易患病毒感染、疲倦、忧郁沮丧以及神经系统失调等病症。因此，B血型的人需要补充一些富含矿物质镁元素的食物。尤其是患有湿疹的B型血的儿童，补充镁质对缓解其病情有良好疗效。

生理特点要求

虽然除了矿物质镁外，B型血的人并没有其他物质需要额外补充的，而且由于B型血的人拥有一个强大的消化系统和免疫系统，似乎也不用额外补充其他营养素。但专家却建议，为了B型血的人更快地适应自己的血型饮食，以及提高免疫力，还是应适当补充一些消化酶和卵磷脂。

补充营养的目的

对于忙碌的现代人来说，补充营养不一定是等到身体缺乏了才买来补。即使身体没有缺乏营养素症状，为了健康，也应适当补充平常饮食中所缺乏的物质，以给身体提供额外的保护。对于B型血的人来说，补充营养可以帮助其均衡饮食，改善胰岛作用，增强抗菌能力，令注意力更加集中。

✽ B型血应补充的营养

对于完美的B型血的人来说，要补充的营养物质除了易缺失的矿物质镁外，还有能增强其免疫功能的卵磷脂和消化酶。

矿物质镁的补充

人体中镁的主要来源有两条途径，一是来源于日常生活中的饮用水，另外是来源于食物。其中，食物中以绿色蔬菜含镁量最高。因为B型血的人对食物选择的范围宽泛，任何形式的镁，他们都能很好地吸收，所以只要B型血的人多加注意平日饮食，就可以完全弥补体内矿物质镁缺乏的状况。

虽然B型血的人应补充矿物质镁，但不同的年龄、不同的人群每日所需摄入的镁的量也不同。

不同人群镁的合理日摄入量（单位：mg）

年龄 \ 性别	男性	女性
2~3岁	161.8	153.2
4~6岁	198.2	189.3
7~10岁	239.9	227.6
11~13岁	280.9	257.9
14~17岁	314.5	277.3
18~29岁	342.2	290.8
30~44岁	350.0	307.6
45~59岁	344.0	302.6
60~69岁	323.4	279.1
70岁以后	289.2	241.9

B型血的人只要根据自己的情况，参照上面表格中所给的数据，有意识地多吃蔬菜就可以弥补身体缺乏的镁。日常生活中，常见的适合B型血的人补充镁的食物有很多，比如各种谷类、豆类、绿色蔬菜、蛋黄、牛肉、河鲜产品、香蕉等。其中B型血的人最直接补充镁的方法是多吃卤水豆腐，因为豆腐中含有较高的镁成分，经常吃些卤水豆腐，可解决由于缺镁引起的"抽搐病"。

知识链接

B型血的人一定要吃植物油吗

对于B型血的人来说，植物油是身体最能适应的油类。这是否说明B型血的人只能吃植物油呢？当然不是。虽然植物油中含有的不饱和脂肪酸，非常适合B型血中的B型抗原，但B型血的人具有强大的免疫能力，所以适当地吃些植物油并不会影响B型血的人的健康。

含镁食物排行榜

排名	食物名	含量（mg/100g）
1	海参干	1047
2	裙带菜	1022
3	炒榛子仁	502
4	粗盐	463
5	炒西瓜子	448
6	榛子	420
7	螺旋藻干	402
8	麸皮	382
9	炒南瓜子	376
10	墨鱼干	359

除了生活中注意饮食外，B型血的人也可以通过药物进补的方式，来弥补体内钙、镁不平衡的情况。很多人都觉得柠檬酸镁最具有舒缓的效果，B型血的人可以适当喝一些。不过，需要提醒的是，矿物质镁虽然具有促进心脏、血管的健康的功用，但也不可补充过多。因为体内钙镁平衡时，两者可以促进彼此的吸收，一旦一方过量，就会影响另外一方的吸收。像体内钙过多，会影响镁的吸收一样，如果体内摄入了过量的镁，体内的钙质吸收就会受到阻碍。因此，专家建议：有缺少镁症状的B型血的人，每天所补充的镁最好不要超过250～300毫克。如果有必要，在补充镁期间，B型血的人也可多进食一些高钙食品，如乳制品，以促进镁的吸收。

消化酶的补充

一般说来，B型血的人不需要特别补充消化酶，因为B型血的人本身就有一个强大的消化系统。但如果你是一个不爱吃肉或者乳制品的B型血人，在开始实施血型饮食专家的"完美"饮食计划时，可能会出现适应困难、消化不良的症状。那么你可以试着服用消化酶，然后就会越来越适应蛋白质。菠萝酶是一种生活中常见的消化酶，不仅在菠萝中存在，很多的健康食品店中也可以购买到，消化不良的B型血的人不妨试试。

卵磷脂的补充

卵磷脂是一种生命必需的基础物质，存在于生命的每一个细胞中，对人体有不可忽视的功用。当然某些食物中也含有卵磷脂，比如大豆、蛋黄。B型血的人通过进食这些富含卵磷脂的食物，可以让细胞表面的B型抗原四处活动，为免疫系统提供更佳地保护。

在生活中，B型血的人不必为了补充卵磷脂直接食用黄豆，因为黄豆并没有那么优良的效果。他们可以通过养成好习惯，多饮用由草莓、菠萝、葡萄制成的果菜汁，来弥补卵磷脂不足引起的症状，而且果蔬汁能用较温和的方式提高免疫力。

总之，B型血的人的饮食计划是非常均衡、健康的，基本上包含了各类食物及各种营养。所以，B型血的人只要遵循这个饮食计划，就可以让自己的身体更加健康。

*B型血补充营养的禁忌

B型血的人是四种血型饮食中的快乐"小仙人"，具有无所不能的适应能力。对他们来说，所需要补充的物质很少，也根本没有什么补充食品的禁忌。只要他们能够均衡饮食，注意饮食搭配，就能健康地获得所有他们身体需要的各种营养。

狩猎者
——O型血的健康饮食

O型血是一种非常古老的血型，大约出现在数亿年前。那时人们尚未学会农耕与驯养，全部饮食的来源，都要依靠强壮男性的狩猎而得到。日积月累，经常进食高动物蛋白食物的祖先们，拥有了一个超强的消化系统。这种消化特点遗传给现代O型血的人，就形成了他们近似狩猎者的饮食方式。

✻ O型血的饮食习惯

相对于其他三种血型来说，O型血的人的体质与原始人比较接近，他们可以肆意吃高蛋白食物，而不必担心患上高胆固醇引起的心血管疾病。但对于A型血认为好消化的植物性食物，O型血的人反而显得有些不太适应。可以说，O型血的人具有狩猎者的特征，是高蛋白肉食的良好吸收者。

饮食特点

说到O型血的饮食特点，就不得不提达达莫医生发现血型饮食的经历。20世纪初，达达莫医生一直从事血型研究，一天他在翻检沉积下来的病例时发现，血型似乎与某些疾病或者饮食有种特殊的联系。于是，他沿着这条线索进行了深入的研究。不久，他就发现了一个奇特的现象：居住在北极地区的因纽特人，和住在热带的印第安人都以动物性高蛋白食物为主要食物，但是调查显示，他们患心血管类疾病和肥胖症的概率，远比其他血型的人要少。达达莫医生发现这个现象后，经过多年研究统计后，他终于发现了O型血人的秘密。

O型血是地球上第一个出现的血型，他们的身体素质与当时的生活环境有密切的联系。那时，O型血祖先最容易获得的食物就是野生动物的肉以及鱼产品。因此，在经过长期的积累、流传、进化后，O型血的人的消化系统变得强大而有力。在现代O型血的人的身体中，保留了古代祖先以动物蛋白为主的遗传基因。

在饮食上，O型血的人最需要动物性蛋白质提供的营养物质，并且只有这类食物，O型血的人的消化系统才会表现出强健的消化能力，对于普遍认为容易消化的植物性食物，O型血的人反而表现出不适。

O型血的人的这种饮食特点，似乎与现代饮食专家所提倡的饮食标准有一定的矛盾。现代饮食专家们通常反对过多食用肉类食品，因为肉类食品中含有大量饱和脂肪酸、激素、抗生素等物质，是引发现代人群患心脏病、癌症、肥胖等疾病的最危险的因素。对于四种血型中的其他三种血型来说，这种理论有可能成立，但对于O型血的人来说，却恰恰相反。

不过，虽然O型血的人的身体更适应肉类食物，但蔬菜、水果也是其纤维素、维生素和矿物质的重要来源。为了保持饮食的平衡，O型血的人应适量进食蔬菜、水果，而对于具有丰富营养的奶制品和谷类，O型血的人最好有所保留。因为这些物质对O型血的人并不像对其他血型者那么有益，而且也不利于O型血的人消化吸收。所以，O型血的人不应该把它们作为饮食的主要成分。

知识链接

O型血的人在世界的分布

O型血的传承是四种血型中最普遍的。目前，O型血的基因在世界各地的分布在一半以上，其中，中美洲和南美洲原居民中几乎全是O型血的人。另外，在澳洲和西欧的原居民中，O型血也占有较高的比例。

食物选择宜忌

O型血的人是地道的"肉食者"，他们祖先的狩猎者身份已经决定了这点。如果O型血的人想要让自己生活得更健康、更舒适，就必须切实遵守血型生活计划。下面是血型研究者根据多年研究统计的O型血人的生活饮食表，以供参考。

O型血的生活饮食表

饮品
宜： 绿茶、啤酒、葡萄酒

忌： 咖啡、白酒、可乐

调味品
宜： 咖喱粉、碘盐、大蒜、大料、葱、丁香、月桂叶、孜然粉、干胡椒、辣椒、酱油、芥末、白糖

忌： 桂皮、玉米淀粉、玉米糖浆、香草、白胡椒粉、醋、黑胡椒粉

水果
宜： 无花果、李子、梅子、苹果、杏、樱桃、香蕉、葡萄、柚子、番石榴、猕猴桃、柠檬、芒果、菠萝、荔枝、西瓜、桃子、木瓜、金橘、酸橙、红枣

忌： 黑莓、椰子、香瓜、蜜瓜、草莓、橙子、蜜柑、橘子

蔬菜
宜： 番茄、韭菜、生菜、洋葱、萝卜、南瓜、西芹、红薯、菠菜、香菜、芹菜、胡萝卜、黄瓜、荸荠、山药、蘑菇、竹笋

忌： 嫩玉米、茄子、菜花、芥菜、土豆、卷心菜

肉类
宜： 牛肉、动物肝脏、羊肉、鹿肉、鸡肉、鸭肉、兔肉、猪肉、鹌鹑

忌： 咸肉、熏肉、鹅肉、火腿

海产品
宜： 鳕鱼、比目鱼、鲭鱼、鲈鱼、鲟鱼、鳟鱼、三文鱼、金枪鱼、旗鱼、蛙鱼、鲍鱼、蛤、螃蟹、鳗鱼、扇贝、海带、紫菜

忌： 鱼子酱、梭鱼、海螺、章鱼、鲇鱼

奶制品
宜： 羊乳酪、黄油、全脂奶、脱脂奶、各种酸奶、山羊奶

忌： 冰淇淋

油类
宜： 植物油、亚麻子油、鳕鱼肝油

忌： 玉米油、花生油、芝麻油、葵花子油、棉花子油

坚果品
宜： 南瓜子、核桃仁、杏仁、栗子、榛子、葵花子

忌： 腰果、开心果、花生仁

豆类
宜： 菜豆、蚕豆、绿豆、青豆、豌豆等豆类和大豆食品

忌： 四季豆、小扁豆

面食及谷类
宜： 大麦、荞麦、小米、年糕、黑面包、大米、糙米

忌： 玉米、小麦及小麦制品、麦芽、高蛋白面包、玉米饼

知识链接

O型血抗原分析

在O型血的人的血液里，既不含A型抗原，也没有B型抗原，所以他们在面临细菌以及食物中各种血凝素时，O型血的人不得不通过一种新的融合方式来减少外来异物对自身的伤害。经过长期地继承与进化，就形成了O型血强悍的自身免疫功能和抵抗力，表现出消化能力强，新陈代谢快的特点。

✻ 生活中O型血该怎么吃

由于O型血的人对食物的选择具有非常大的偏颇，因此科学的饮食指导对他们非常必要。研究者根据O型血的身体状况，总结出各类食物的食用方法，O型血的人不妨根据自身情况仔细研究一番。

吃肉方法

肉类是O型血的人最重要的食物，但并不是每种肉类都适合O型血似乎开放的血型抗原。从颜色来看，肉有红肉和白肉之分。红肉是指红色的肉类，含有优质的蛋白质，如牛肉、羊肉等；而白肉则包括猪肉、鸡肉等白色的肉，其营养价值不如红肉。

由于O型血的人胃酸含量较高，他们的体质更适合红肉的消化，像牛肉、羊肉、动物肝脏等，O型血的人可以经常吃。因为这些肉不仅可以增加O型血的人的免疫力，而且还会让O型血的人看起来更加精力充沛。而经过加工的培根肉、火腿，或者属于白肉的鹅肉、猪肉等就不太适合O型血的人。因为相对来说，这些肉类含有了过量的脂肪和某些有害物质，而这些物质是O型血的人的血液所不能接受的。

总之，在日常生活中，O型血的人如果工作压力大，或者进行了大量的运动，还可以吃一些更高级的动物蛋白质，如鹿肉、兔肉等。但是，O型血的人要注意的是：要尽量避免那些脂肪含量高和含有有害物质的肉类，如鹅肉、熏肉、咸肉等。

O型血的人每天应吃多少高蛋白

O型血的人既然对动物性蛋白如此钟爱，那他们每天应该吃多少高蛋白才算正常呢？专家专门进行了研究，结果发现，他们在每日的饮食中至少要进食3～4份高蛋白食物才合理。经过营养专家的测试，3～4份高蛋白相当于12～16个大鸡蛋，或者一天3份的150～200克的瘦肉、300～400克的豆腐、鱼虾，或450～600克的鸡肉、鹅肉。

海鲜食物吃法

O型血的人对海鲜食物的选择，关键在于对鱼油的选择。血型研究者指出，某些凝血因子是在人类适应环境时衍生而来的，出现在地球上最早的O型血液中并没有这些因子。因此，O型血的人的血液相对于其他三种血型来说比较"稀薄"，不容易凝结。

海产品中所含的鱼油具有稀释血液的作用，从这个方面说来，海产品本来不适合O型血的人。但是由于鱼油影响血液黏稠度的方式，与O型血液中抗原影响血液"浓度"方式并不相同，鱼油稀释血液的作用在O型血的人身体中并不能完全发挥，因此海产品对O型血的人还是很有好处的。

对于O型血的人来说，特殊的抗原形式容易导致其患胃肠炎，而鱼油在治疗胃肠发炎疾病方面有很好的功效，这对O型血人的健康有很大的帮助。另外，O型血的人的甲状腺功能不甚稳定，会导致新陈代谢疾病与体重增加，而很多海鲜都是极佳的碘质来源，这可以调节O型血人的甲状腺功能。

虽然大部分鱼油并不能影响O型血人的血液，但对于鲇鱼、章鱼、海螺、鱼子酱等部分鱼类，O型血的人最好不要吃。因为这些鱼肉中所含的血凝素能让O型血人的血液更加"稀薄"，不利于其止血或伤口愈合。而其他海产品中富含鱼油的鱼类，如鳕鱼、鲱鱼、鲭鱼等，却非常适合O型血的人的体质。除此之外，条纹鲈、白鳟、鲑鱼、黄鲈、沙丁鱼、海鳟等也是O型血人的高效能食物。

Attention 鱼油如何影响血液浓度

鱼油中含有的抗原对血小板有致命的亲和力，能轻易地附着在血小板上，以阻碍血小板与某些凝血因子结合，从而稀释血液。而O型血的人血液中原本缺乏那种凝血因子，所以鱼油并不能影响O型血的人血液的"浓度"。

乳制品吃法

乳制品是B型血非常好的营养补充剂，但对于拥有同样强大消化系统的O型血的人来说，乳制品并不是他们最好的食物，甚至在某种程度上，他们应该严格地限制乳制品的食用。虽然乳制品中含有丰富的蛋白和钙，但O型血的人的生理系统并不适合乳制品的新陈代谢，而且他们的消化系统也并不能吸收乳制品中丰富的营养。

谷类食物吃法

谷类食物一直是中国传统饮食的主体，在日常饮食中占据着很大的比例。虽然O型血的人可能天生与谷类食物无缘，但在饮食主体的大环境影响下，他们进食谷物的比例还是很大的。

对于O型血的人来说，尽管肠胃天生不适合消化谷物，但面对饮食习惯的大环境，O型血的人还是以谷类为主。不过，在选择食物过程中，O型血的人应注意，由于全麦制品中的血凝素会在O型血人的血液与消化道中产生不良反应，影响其他营养的吸收。另外，麦芽中的麸质会干扰O型血人的新陈代谢作用，减缓O型血人将食物转化为能量的速度，从而导致O型血的人体重增加。

因此，O型血的人应果断地将全麦制品从饮食中剔除出去，其他的谷类食物则可以适量地吃一些。

谷类食物中，相对较适合O型血人的有糙米、大米、野生米、大麦面粉、裸麦面粉等。其中，荞麦或米粉在O型血的人体内呈中性反应，相对其他谷类食物是最好的选择。

Attention O型血的玉米情结

玉米一直是很好的维生素营养来源，而且香甜可口，很多O型血的人都爱吃。但是你知道吗，O型血的人是最应该避开玉米的人群之一，因为玉米中含有一种特殊的物质，能够影响O型血人的胰岛，减少胰岛素的生成，往往导致O型血的人过胖或患糖尿病。如果你的家族中有糖尿病的历史或者你很担心你的体重，无论你多喜欢玉米，最好将它从你的食物中剔除。

O型血的蔬菜吃法

虽然O型血的人是地道的"肉食类生物"，但这并不代表他们必须避开饮食中的蔬菜。相反，爱吃肉的O型血人还应该有意识地进食蔬菜，以平衡体内过多的酸性物质。当然，对O型血的人来说，他们对蔬菜的选择并不能像B型血的人那样具有开放性，而是要有选择地摄取。比如，含有具有凝血作用的维生素K的蔬菜，非常适合O型血的人。因为O型血人的血液中，缺乏某些凝血分子，所以他们的血液通常会表现得比较"稀薄"，而含有维生素K的蔬菜可以帮助他们改善这种情况。叶菜类含有维生素K的有海带、甘蓝、菠菜以及长叶莴笋，O型血的人应该多吃。

另外，番茄中含有一种物质，会胶凝所有的血液，甚至能引发A型血的人和B型血的人的消化道疾病。但它对O型血的人却表现得非常温和，通常呈中性反应，因此O型血的人可以放心吃。

除了上述蔬菜外，还有几种蔬菜，O型血的人需要格外注意，它们分别是甘蓝家族的卷心菜、菜花、芥菜等，紫花苜蓿芽、高等菌类以及茄属类蔬菜，O型血的人最好避开这些蔬菜。因为O型血人的甲状腺功能有些弱，而甘蓝家族的菜都有抑制甲状腺的功能；紫花苜蓿芽和高等菌类会加重O型血的人过度敏感的病症。另外，O型血人应少摄食茄类，因为茄类中血凝素则会沉淀在O型血人关节四周的组织中，从而导致风湿性疾病。

✱ O型血的健康食谱

O型血的人的血液对肉类食物可谓情有独钟，但在生活中，为了保证身体的健康与更加舒适的生活，O型血的人也应该适当吃一些对身体有益的蔬菜。下面是针对O型血的人消化系统的一些经典菜，以供O型血人参考。

1〔羊肉〕Mutton

羊肉中含有丰富的蛋白质和维生素，肉质细嫩，容易消化，是提高身体素质，增强抗病能力的绝佳食物。而且羊肉的脂肪熔点高于人体温度，即使进食过多羊肉，其中的脂肪也不会被身体吸收，可以说是O型血的人最佳的选择。

鲫鱼汤煲羊肉

材料	羊肉1000克，鲫鱼汤1大碗。	调料	植物油、姜、葱、蒜、鸡精、盐、陈皮、大料、料酒、酱油。

做法

1. 将羊肉洗净，切块；葱、姜、蒜洗净，分别切成姜片、葱段、蒜片。
2. 锅中放水煮沸，将切好的羊肉块放进沸水里焯一下；焯好后，捞出，放到凉水中洗净。
3. 锅置火上，倒入植物油，烧到六成热时，放姜片、蒜片、葱段爆香，然后下羊肉块、盐翻炒，待羊肉块变色后，加入些许料酒，并放入大料、陈皮翻炒片刻，出锅。
4. 洗净高压锅，倒鲫鱼汤，下炒好的羊肉块，大火烧沸后，再用小火煲10分钟左右，关火，出锅后加鸡精、酱油调味即可。

知识链接

羊肉的价值

羊肉既能御风寒，又可补身体，对一般风寒咳嗽、慢性气管炎、虚寒哮喘、肾亏阳痿、腹部冷痛、体虚怕冷、腰膝酸软、面黄肌瘦、气血双亏、病后或产后身体虚亏等一切虚状均有治疗和扶益效果，最适宜于冬季食用。羊肉虽好也不是人人皆宜。比如发热的病人、腹泻的病人和体内有积热的人最好不要食用。

2 〔竹笋〕Bamboo shoot

竹笋不仅含有丰富的蛋白质、氨基酸、脂肪、碳水化合物、钙、磷、铁、胡萝卜素、维生素B_1、维生素B_2、维生素C等多种营养物质，而且还具有低脂肪、低糖、高纤维的特点，是清热化痰、益气和胃的好食品。

cooking 竹笋瓜皮鲤鱼汤

材料	鲤鱼1条，新鲜竹笋500克，西瓜皮300克、红枣10颗。	调料	植物油、姜片、盐。

做法

1. 竹笋削去硬壳、老皮，洗净后横切片，用凉水浸泡24小时；鲤鱼除去内脏、鱼鳞、鳃，洗净；红枣去核，洗净；西瓜皮洗净，切成小块。

2. 锅置火上，倒入植物油，烧至三成热，放入鲤鱼，两面煎黄后，关火，盛出。

3. 沙锅放水，放置火上烧沸后，加入所有材料、姜片；大火再次烧沸后，改小火煲2小时，加入适量盐调味即可。

3 〔猪肝〕Pork liver

肝脏是动物体内储存养料和解毒的重要器官，含有丰富的营养物质，是最理想的补血佳品之一。

cooking 猪肝蹄筋粥

材料	鲜猪肝70克，牛蹄筋150克，大米300克。	调料	盐、姜丝、葱末。

做法

1. 猪肝切薄片，投入沸水锅中，焯去血水备用；牛蹄筋煮熟至软嫩时捞出，切片备用。

2. 大米洗净，倒入水锅中烧沸，煮至米粒烂熟时，放入猪肝片、蹄筋片、姜丝、葱末及少许盐，再煮片刻即可。

O型血的食品补充与禁忌

O型血的饮食计划几乎为O型血的人提供了非常丰富的营养物质，大部分的营养物质都不需要通过其他的方式进行额外地补充。然而，任何完美的计划都会有意想不到的漏洞，在O型血的人的饮食中也会缺少一些重要的物质，所以必须以额外补充的方式来提供。

❋ O型血易流失的营养

对于O型血来说，完美的食物几乎都涵括在他们的饮食计划中了。他们超强的消化系统、免疫系统不容易使营养流失，但他们的饮食计划中也有盲点，容易导致他们体内缺乏某种营养素。

易缺乏钙

由于最佳的钙质来源——乳制品，并不在O型血人的饮食计划中，因此他们身体容易缺乏钙质。为此专家提示，所有O型血的人都应补充高剂量的钙质，最好每天服用600～1000毫克的钙质补充品。同时，由于O型血的人应避免食用某些海产品，所以他们的身体也会表现出对碘、镁的缺乏。

易缺乏碘

在漫长的岁月累积后，O型血祖先的肾上腺代谢功能不稳定的特点被遗传下来。

现代O型血人的肾上腺代谢不稳定，是导致其体重增加、水分滞留与疲倦的重要原因。而碘的缺乏是导致肾上腺代谢功能不稳定的主要原因。因为碘是一种能够制造肾上腺激素的矿物质，肾上腺激素有促进肾上腺代谢的功能。因此生活中，O血型的人应该注意补充碘。

O型血的日常保健原则

O型血的人是狩猎者的后代，消化系统适应以肉食为主的饮食特点。但身体的健康更需要营养平衡，所以，除了单一的肉类饮食外，O型血的人还应遵从以下原则：第一，坚持以肉为主，蔬果为辅的饮食原则，即常吃肉类，但每天应吃适量的蔬果；第二，在摄取肉类营养时，要注意摄入量。每周吃几次含有优质蛋白的肉类，数量应以中等为宜，但要注意肉类不宜煮得过熟，以免破坏营养成分。

生理特点要求

O型血的祖先出现时，食物比较缺乏，他们的身体形成了把能量蓄积起来的习惯。虽然现代O型血人的所生存环境已经有了很大的改善，人们的食物也很充足，但O型血祖先蓄积能量的机制却传承了下来。所以，O型血的人的新陈代谢通常会很低。这需要O型血的人补充B族维生素。另外，O型血中红细胞没有A、B抗原，对血液有凝固功用的元素含量也偏低，因此，应补充维生素K。

＊ O型血应补充的营养

就像常吃肉的人，会想念清爽的蔬菜一样，人的身体会对体内所缺乏的营养表现出特别的爱好。因此，O型血的人对下面的这些营养素可能会有特别的爱好。

维生素的补充

O型血的人对B族维生素的补充，并不是因为他们的身体内缺乏这种营养物质，而是因为B族维生素可以促进新陈代谢，缓解O型血的人从老祖宗那里遗传下来的蓄积能量的特点。

另外，B族维生素是一个庞大而复杂的种族，它们对人体中食物向能量的转化，利用机体组织修复的作用是非常显著的。正是由于这个原因，才有人说B族维生素是人体健康的"守护神"。身体一旦缺乏B族维生素，就会出现肌肉乏力、麻痹或者皮肤系统疾病。

O型血的人血液稀薄,所以也需要补充维生素K。人体中维生素K的来源主要有两个方面:一是由肠道内的细菌合成;二是从食物中摄取。如果要补充维生素K,只能从食物入手。维生素K广泛分布于各类食物中,其中适合O型血的人的食物有动物肝脏、绿色叶菜类、莴笋、菠菜等。

矿物质钙的补充

O型血的人应该通过不断地摄取含钙量高的食物,来弥补体内钙量不足的情况。常见的适合O型血人的补钙食物有海带、紫菜、虾皮、黑木耳、芝麻等。

矿物质碘的补充

不同人群碘的合理日摄入量(单位:μg)

年龄	摄入量(μg)	年龄	摄入量(μg)
0~4个月	50	18~49岁	150
5~12个月	50	50岁以后	150
1~3岁	50	妊娠早期	200
4~6岁	90	妊娠中期	200
7~10岁	90	妊娠晚期	200
11~13岁	120	乳母	200
14~17岁	150		

人体对碘的需要相对来说是比较少的。因此,只要生活中坚持吃碘盐,一般不会发生缺碘的情况。

因此对于O型血的人来说,只要在日常生活中经常注意补充含碘量高的食物即可。含碘较高的食品有海鱼、海藻等海产品。但沿海地区的O型血的人要注意,为了避免补碘过多引起甲亢,应避免过量进食海带、紫菜、苔条、淡菜等高碘食物。

海藻糖补充

海藻糖是指从海带中萃取出的一种活性多糖。这种海藻糖有一种很特别的性质,它的构成成分与O型血的抗原成分非常相似,因此很适合O型血的体质。

由于O型血形成较早，一些血液因子发展并不完善，现代的某些病菌可以很快地打入O型血的免疫系统。例如导致溃疡的细菌，它经常通过附着在O型血人胃壁的海藻糖上，对胃壁进行破坏，而海藻糖则会保护O型血人的胃壁。它通过堵住这种细菌的吸盘，进而阻止这种细菌附着在胃壁上，如同给胃壁安了一层保护膜，从而达到了保护胃壁的目的。

另外，研究还发现，海藻糖对O型血人的新陈代谢很有帮助。它可以通过调节迟缓的新陈代谢率，帮助O型血的人控制体重，尤其是那些饱受肾上腺功能失调的O型血人。

❋ O型血补充营养的禁忌

在四种血型中，只有B型血完美的饮食特点没有补充营养的禁忌，O型血的消化系统虽然强大，但因为他们饮食太偏颇了，所以也有一些补充营养的禁忌。

维生素A

除非由于某些病症或在医生的指导下，否则O型血的人最好不要私自补充维生素A，尤其是每天坐办公室的电脑族。很多电脑族在眼睛干涩时，都有自己补充维生素A的经历，其他血型或许没有关系，但对O型血的人来说，这简直是禁忌。因为O型血人的血液比较稀薄，其中缺乏某些凝血因子，而维生素A有使血液变得更加稀薄的功能，所以专家建议O型血的人在没有咨询过医生之前，最好不要服用从鱼油中提炼出来的维生素A。相反，O型血的人应善于从饮食中摄取维生素A或者胡萝卜素。O型血的人可以接受的富含维生素A的食物有黄色或深色叶菜类。

维生素E

同维生素A一样，维生素E也有使血液变稀的作用，因此O型血的人最好也不要额外补充维生素E药剂。但从饮食中，O型血的人可以多食用一些富含维生素E的食物，如绿叶蔬菜、动物肝脏等。

混合者
——AB型血的健康饮食

AB型血是四种血型中出现时间最晚的,具有A型、B型双重抗原,因此在饮食上,表现出A型血饮食、B型血饮食的部分特点。无论是动物蛋白,还是植物蛋白,AB型血的人都可以适应。

✻ AB型血的饮食习惯

AB型血的人是"携带"A型抗原的印欧语民族和"携带"B型抗原的蒙古人结合的后人,在他们的血液细胞中,既有A型抗原,也有B型抗原。由于AB型血的这种特殊性质,AB型血的人表现出了独特的饮食特点。

饮食特点

AB型血出现时间较晚,大约在1000多年前,他们才出现在地球上。由于他们的血液中既含有"耕耘者"A型血的抗原,也含有"畜牧者"B型血的抗原,两者是经过多年的"相搏",才找到了一种微妙的平衡方式,因此,AB型血的人具有一些独特的血型饮食特点。他们的消化系统功能并不是很强,胃中消化酶很少,胃酸的含量也比较低,对某些营养物质的消化吸收比较慢。

由于AB型血的人体内有两种抗原,在饮食上就表现出既可以接受动物蛋白,也可以接受植物性食物的特点。然而,AB型血的人并不像B型血的人那样,具有完美的消化系统,所以,在生理特征方面,AB型血的人很少有B型血的特性,相反,他们与A型血的人非常相似,对于植物类食物,新陈代谢快,消化吸收较高。而对于大部分既不适合A型血人的饮食,也不适合B型血人的食物,AB型血的人都不接受。

Attention AB型血的新陈代谢特点

在新陈代谢方面，AB型血的人与A型血的人很相似。在他们进食了植物类食物后，通常表现出新陈代谢快、消化吸收率高的特征。而吃了动物性食物后，他们的新陈代谢就会减缓，而且效率也降低。因此在生活中，爱吃动物蛋白的AB型血的人通常会胖一些，而爱吃素食的AB型血的人，一般可以保持苗条的身材。为了完美的身材，爱美的AB型血女孩最好只适当地吃一些肉食品，以维持身体营养平衡，相反，多吃些豆制品、海产品及奶制品等，可以增强新陈代谢。

饮食选择宜忌

AB型血的人身体结合了印欧人与蒙古人的特征，对于饮食和周围的环境有着特殊的感受力。对他们来说，虽然可供选择的饮食范围很宽，既能够适应动物蛋白，也适应植物蛋白，但由于体内含有双重抗原，所受的限制也很多。血型研究者通过多年研究总结出来的适合AB型血的食物一览表，AB型血的人不妨参考一下。

※ 生活中AB型血该怎么吃

相对于其他三种血型来说，AB型血的人肠胃更加敏感，因此在吃食物时，就多了许多"忌讳"或"要求"。

吃肉的方法

虽然AB型血中具有A型血和B型血的双重特性，但这并不代表着他们会完全符合A、B型血的人的饮食特征。更多情况下他们和A型血的人一样，不能产生足够的胃酸，对大多数动物蛋白质并不能很好地消化吸收。

AB型血的人饮食的例外

AB型血既然是A型血与B型血结合的产物，那么AB型血的人定然有一些独特、与众不同的特点。在饮食上，表现出对含有泛血球凝素的食物特别喜爱。泛血球凝素是一种能胶凝所有血型的血凝素，但AB型血的人似乎可以避开这个怪圈。专家推测，泛血凝素的反应可能被双效的A型与B型抗体抵消了。生活中常见的含有泛血凝素的食物就是番茄，所以AB型血的人可以放心食用。

AB型血的人生活饮食表

饮品

宜：
绿茶、咖啡、红葡萄酒、啤酒、白葡萄酒

忌：
白酒、汽水、可乐

调味品

宜：
咖喱粉、桂皮、大蒜、大料、葱、丁香、月桂叶、孜然粉、干胡椒、芥末、糖、酱油、桂皮

忌：
大麦芽、玉米淀粉、玉米糖浆、白胡椒粉、醋、黑胡椒粉

水果

宜：
无花果、李子、柚子、樱桃、葡萄、猕猴桃、柠檬、菠萝、苹果、杏、黑莓、枣、蜜瓜、香瓜、西瓜、桃子、梨、橘子、木瓜、草莓

忌：
椰子、橙子、柿子、香蕉、石榴、仙人掌果、芒果

蔬菜

宜：
甜菜、番茄、甘蓝、韭菜、茄子、油菜、芹菜、黄瓜、土豆、山药、豆腐、菜花、笋、香菜、胡萝卜、洋葱、大头菜、菠菜、蘑菇、南瓜

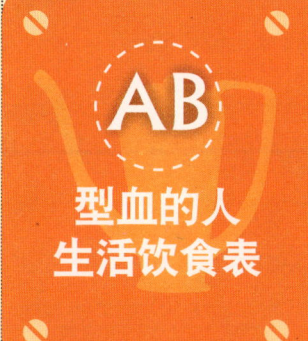

忌：
辣椒、萝卜

肉类

宜：
羊肉、兔肉、火鸡肉、肝脏、野鸡肉

忌：
咸肉、熏肉、鸡肉、鸭肉、鹅肉、火腿、心脏、牛肉、鹿肉、猪肉、鹌鹑

海产品

宜：
鳕鱼、鲇鱼、鲭鱼、鲟鱼、鳟鱼、甲鱼、三文鱼、沙丁鱼、金枪鱼、鲍鱼、鱼子酱、鱿鱼、鲤鱼、鲨鱼、贝类

忌：
凤尾鱼、蛤、螃蟹、海螺、小龙虾、鳗鱼、比目鱼

奶制品

宜：
羊乳酪、山羊奶、酸奶、豆奶、脱脂奶

忌：
冰淇淋、全脂奶、黄油

油类

宜：
植物油、鳕鱼肝油、亚麻子油、花生油

忌：
玉米油、棉花子油、芝麻油、葵花子油

坚果品

宜：
花生仁、栗子、核桃仁、杏仁、腰果

忌：
榛子、南瓜子、葵花子

豆类

宜：
小扁豆、大豆、蚕豆、绿豆、豌豆及大豆制品等

忌：
红豆、黑豆、四季豆、青豆

面食及谷类

宜：
燕麦、大米、小米、豆饼、年糕、糙米、大麦

忌：
荞麦、玉米、小麦

但对于动物蛋白中的肉类或家禽，AB型血的人不但不要戒掉，相反还要多吃一些，特别是红肉，如兔肉、羊肉、火鸡肉等，这些食物中有对AB型血的人进补作用的物质。

在动物蛋白食物中，AB型血的人应该特别注意尽量少食牛肉、鸡肉、鸭肉、猪肉、鹌鹑等，这些食物中的血凝素会刺激AB型血的血液与消化道，使AB型血的人产生胃肠不适感。AB型血的人最好也不要吃经过烟熏或者加工的肉食，如咸肉、熏肉、培根、火腿等。这些食物中含有致癌物质，会使胃酸含量本来就偏低的AB型血的人更容易患胃癌。

吃海鲜的方法

海产品具有非常丰富的营养物质，是AB型血的人最好的蛋白质来源。对他们来说，海产品中大部分的种类都可以选择，特别是深海鱼和蜗牛。深海鱼中含有丰富的鱼油，可以改善AB型血的心血管功能，有效防治心血管类疾病。尤其蜗牛具有抗乳腺癌的作用，对本来易患乳腺癌的AB型血的女性非常有益。不过，海产品中也有些鱼并不适合AB型血的人，如鳗鱼和比目鱼容易刺激A型血的消化道，对AB型血的人产生不利的影响。

AB型血吃谷类食物的方法

AB型血与A型血的人的饮食非常相似，都对谷类食物表现出特别的喜爱。AB型血的人能很好地消化吸收谷类食物中的营养，如大米就是他们生活中的好食物。其中小米、燕麦、米糠也有不错的进补作用。如果AB血型的人感觉到胃部不适或者疲劳，不妨试试小米或者燕麦、米糠制品。

AB型血的人必须限制小麦的摄取量。因为麦谷的某些物质会在AB型血者的体内形成高酸物质，而且小麦会导致黏液分泌过多，这都不适合体质呈酸性的AB型血人的身体健康。

> **知识链接**
>
> **AB型血的人能吃荞麦和玉米吗**
>
> 大部分的谷类食物，AB型血的人都可以进食，但他们应避开荞麦和玉米。因为荞麦和玉米在体内呈酸性特征，AB型血的人吃后，会加重他们肌肉的酸性，不利于健康。

另外，小麦有增加AB型血人的体重的作用，如果AB型血的人正在尝试减肥，最好也不要食用它们。不过研究者也发现，AB型血的人每周吃一次由麦芽或麦麸制作的食物，并不会对健康产生大的危害。

吃蔬菜的方法

蔬菜是生活饮食中重要的组成部分，具有补充身体维生素、矿物质，以及平衡身体酸碱性等重要作用。AB型血的人的免疫系统功能相对较弱，容易患癌症和心脏病等严重的疾病，而蔬菜对预防这些病有非常好的作用。从这个层面上说，AB型血的人必须保证每天一定的蔬菜进食量。

对生理特点很像A型血的AB型血的人来说，大部分蔬菜都是适合食用的。需要注意的，就是要保证每天进食新鲜的蔬菜，以避免在食用过程中，让新鲜蔬菜流失过多的营养。另外，AB型血的人应该多吃些豆腐，并配合少量的肉类与乳制品，这有助于提高自身免疫力。

在蔬菜中，AB型血的人只要避免两类食物，一是玉米制成的菜肴，二是部分豆类。这是由于一方面AB型血的人继承了B型血人的因子，玉米以及玉米制品对其健康有很大的影响；另一方面部分豆类中含有的血凝素会刺激AB型血脆弱的消化系统，比如红豆或黑豆。

除此之外，四季豆或青豆也是AB型血的人应该避开的食物。因为虽然四季豆与青豆不会破坏人体的消化系统，但它们会减缓AB型血人的胰岛素的生成，不利于AB型血人的健康。其他豆类则对AB型血人的饮食消化没有大地影响，AB型血的人可以放心吃。

AB型血的人可以吃的调味酱有哪些

在各种调味酱中，没有哪种特别的调味酱对AB型血的人有益，不过，由AB型血的人可以吃的水果做成由水果酱或果冻，以及蛋黄酱、芥末、沙拉酱，但要注意控制摄入量。AB型血的人最应避免的调味酱有泡菜类、腌制的酱，如黄酱、豆瓣酱以及番茄酱等。

吃水果的方法

在水果方面，AB型血的人继承了A型血的特质，适合多吃碱性的水果，如菠萝、樱桃、柠檬，以及富含钾的水果，如杏子、无花果和某些瓜类，这些水果有助于平衡谷类在AB型血的肌肉组织中形成的弱酸。AB型血的人不太适合吃热带水果，如芒果、香蕉和橘子。因为这些水果中的凝集素会刺激AB型血脆弱的肠胃，并阻碍其对重要矿物质的吸收。

AB型血的健康食谱

由于AB型血的血液中既有A型抗原，又有B型抗原，他们的饮食特点有点像完美的B型血。但是AB型血的消化系统比较敏感，所以他们的菜谱要求比B型血更加精细。

1 〔油菜〕Rape

油菜是一种低脂肪蔬菜，含有丰富的膳食纤维和维生素，具有解毒消肿、宽肠通便、强身健体的作用，非常适合敏感的AB型血。

蒜蓉油菜

| 材料 | 油菜700克。 | 调料 | 植物油、蒜蓉、盐。 |

做法

1. 油菜洗净，逐叶掰开，沥水。
2. 锅置火上，倒植物油烧热，加蒜蓉爆香，放入油菜翻炒。
3. 待油菜要熟时，放剩下的蒜蓉、适量盐翻炒，菜熟即可。

2 〔豆腐〕Bean curd

豆腐是植物食品中的高蛋白食品，含有丰富的不饱和脂肪酸、卵磷脂和多种人体必需的氨基酸。AB型血的人常吃豆腐可以保护肝脏，促进机体代谢，增加免疫力。

番茄豆腐羹

材料	番茄3个，嫩豆腐1块，豌豆粒50克。	调料	植物油、白糖、水淀粉、鸡精、盐。

做法

1. 番茄洗净，去蒂及皮，切成小块，剁碎装入碗中备用；豆腐切成片，放入沸水中焯1分钟，捞出沥水；豌豆粒洗净。
2. 锅置火上，倒入适量植物油烧热，加入剁碎的番茄、盐、白糖、鸡精炒成番茄酱后，盛出。
3. 番茄酱锅不洗，直接倒入适量凉开水，加入鸡精、豌豆粒、盐、豆腐片，烧沸入味，用水淀粉勾芡；待汁稍微收一下，放入番茄酱推匀，放鸡精调味即可。

3 〔山药〕Yam

中医认为山药味甘、性平，不燥不腻，入肺经、肾经、肠经，具有健脾、补肺、固肾、益精等多种功效。AB型血的人多吃山药对消化功能有很好的帮助。

山药糕

材料	山药500克，金糕、枣泥、土豆各150克。	调料	白糖250克。

做法

1. 山药、土豆洗净，去皮，上锅蒸熟，取出凉凉后，将两者拍成泥混合揉搓均匀，分成3份；金糕用刀抹擦成泥，加入白糖。
2. 取一块湿布，将3份山药土豆泥分别叠压成薄片，然后在下面两层山药土豆泥上各加一层金糕泥和枣泥，共5层。
3. 食用时切成小块，撒上白糖即可。

AB型血的食品补充与禁忌

> 虽然AB型血的人的身体素质与A型血的身体素质很像，免疫系统都很脆弱，容易患疾病。但幸运的是，AB型血人的饮食选择要远远广于A型血的人，所以AB型血的人所摄取的营养素较丰富。尽管如此，还是有一些补充剂是适合AB型血人额外摄取的。

✻ AB型血易流失的营养

或许是沉积在AB型血液的基因还保留着居住在西伯利亚草原B型血老祖先的记忆，在饮食营养方面，AB型血的人与老祖先B型血人有着惊人的相似性。他们就像一个稳定而平衡的天平，各种营养物质在体内都得到了平衡，几乎没有什么易缺乏的物质。

生理特点要求

AB型血的人食物选择比较宽泛，所摄取的营养也比较平衡，从原则上说，AB型血的人并没有易缺乏的营养素。但由于AB型血的人天生胃酸含量比较低，患胃癌的概率要比其他血型高很多，所以，把维生素C列为AB型血易缺乏的物质。

另外，由于矿物质硒有助于身体的抗氧化防御系统，也将其列为AB型血要补充的营养物质之一。

补充营养的目的

对于AB型血的人来说，补充的营养并不是他们易缺失的，而是根据其生理特点，提供体内所需要的额外保护。他们补充营养的主要目的在于增强脆弱的免疫系统，补充一些预防癌症的抗氧化剂，以及强化他们的心脏。

Attention AB型血的抗氧化剂补充

AB型血的人免疫系统弱，易受感染。为了提高他们的免疫力，专家建议，日常生活中，AB型血的人可以适当服用一些能够增强免疫力的草药，如紫矢车菊，这种药草有助于预防感冒，并且具有提升免疫系统抗癌效果的作用，有利于AB型血人的健康。

* AB型血应补充的营养

对于AB型血的人来说，他们虽然没有易缺乏的营养物质，但由于独特的生理特点，他们易患某些严重的疾病，如心脏病、癌症等。为了增强他们免疫系统的功能和对某些疾病的抵抗力，AB型血的人也要适当补充相应的营养。

维生素C的补充

AB型血的人拥有非常平衡的饮食计划，对他们来说，并不能大量地摄取某种营养物质，即使是维生素C也是如此。如果AB型血的人想通过维生素C片来弥补身体状况，每天最好服用1～2片维生素C，这有助于平衡AB型血的人胃酸过少的现象。

菠萝酶的补充

由于AB型血的人消化系统不够强健，应补充菠萝酶。这种酶可有效分解食物中的蛋白质，有助于AB型血人的消化吸收。

* AB型血补充营养的禁忌

由于AB型血的人体内包含了A型和B型两种抗原，因此表现出部分A型血的特征或部分B型血的特征。经过血型研究者多年研究发现，AB型血的人在饮食选择上更多地像A型血的人，但在疾病或身体素质上，也有B型血的特征。比如，在补充营养的禁忌上，AB型血的人就像B型血的人一样，没有什么禁忌。

如何获得更多的维C？

蔬菜、水果中含有大量的维生素C，但维生素C很容易溶于水，蔬菜、水果经过烹煮后，其中大部分的维生素C都会流失。因此，在洗蔬菜时，要快速洗净，尽量不要浸泡；在炒菜时，尽量用大火快炒蔬菜；在日常饮食中，多吃一些含维生素C的食物，如红薯、猕猴桃、葡萄柚等。

Part 06

血型与疾病，
解开养生奥秘的钥匙

对于血液与疾病的关系，人们早已达成了共识。然而，有关血型与疾病的关系却是近些年来才发现的。研究表明，不同的血型对不同的疾病表现出了不同的患病概率。如A型血的人最容易患脑血管疾病；而B型血的人则容易患口腔或呼吸系统疾病。掌握了血型与疾病的关系，人们才能更好地解开养生的奥秘。

■ 免疫系统的"血型"之分

血液中抗原是构成身体免疫系统的重要防线，不同的抗原决定着身体免疫系统的不同。这是血型与疾病关系最基本的原理。

✻ 免疫系统细析

每一个国家都有一个保卫自己国家安全、抵御外来敌人的部队。如果把身体比喻成一个国家的话，那么免疫系统就是担负着保护身体、消灭入侵之敌重任的"国防部队"。它与抗原有着千丝万缕的联系。

免疫系统组成部分

任何一个军队都是由指挥者和战士组成的，身体里的"国防部队"也是一样。它们由一些器官、组织、细胞和分子组成，分别在"国防部队"中扮演着指挥部、基地、士兵和武器的角色。这些指挥部、基地、士兵和武器广泛地分布在全身各处，时刻保持着高度的警惕，而且分工精细，从而保护着身体的健康。器官就像是部队里的指挥官，它们的主要作用是在发现"敌人"或发动"战争"时，调兵遣将；组织就像部队中的重要基地，主要把守关口，不让"敌人"攻进来；细胞就像是部队中作战的士兵，当接到指挥官的命令后，立即出发消灭"敌人"；而士兵的武器就是分子。抗原就是能使这个部队系统运作起来的最直接的物质，它们附着在细胞膜上，穿行于指挥官、基地、士兵与武器之间，不断传递消息，从而使得"国防部队"能够准确获得信息，并杀灭"敌人"。

免疫系统器官、组织、细胞、分子都有哪些

人体的免疫系统具有保护身体的重要作用，分布在身体的各个地方，几乎建立了一道坚固的防御高墙。器官有骨髓、扁桃体、淋巴结、胸腺和脾；组织是指身体中，尤其是存在于消化道和呼吸道黏膜内的许多淋巴组织；细胞主要是淋巴细胞、单核吞噬细胞、粒细胞；分子指免疫球蛋白、补体、淋巴因子等。

免疫系统的作用

免疫系统往往通过三个方面来发挥它的保护功能。一是防御外来敌人，阻挡外来病原微生物感染侵入机体。如果免疫系统抵抗外来敌人的能力过低，人体就会发生病态反应。但能力过高后，人体又易发生变态反应；二是通过清除体内衰老、死亡或损伤的细胞，来保持体内细胞的健康。如果这种能力超常，就会把自己身体内的

- 指挥官，调兵遣将 — 器官
- 基地，把守关口 — 组织
- 士兵，消灭敌人 — 细胞
- 传递信息 — 抗原

人体免疫系统

正常细胞也当成衰老或损伤的细胞来清除，从而发生自身免疫性疾病；三是免疫监视功能，即通过监视、识别体内细胞，消灭外来细胞或体内产生的突变细胞。人体每天接受很多外界环境的影响，如

什么是免疫系统的变态反应

这里所说的变态反应,与日常生活中所说的变态没有一点关系。它是指免疫系统的一种过度敏感反应。一般免疫系统有记忆功能,比如,某种抗原第一次进入人体后,免疫系统会对其产生或接受或拒绝的反应。如果免疫系统第一次接受了这种抗原,待它第二次再进入身体后,免疫系统就不会拒绝。但变态反应不同,它是指机体对某些抗原第一次接受了,待相同抗原第二次再访问时,机体反而会出现生理功能紊乱或组织细胞损伤的情况,即拒绝它进入体内。

食物、病毒、细菌的进入,体内经常发生细胞变异。如果放任这些变异发展,就会产生肿瘤细胞。体内的免疫系统随时监视、识别这种异常细胞,并及时将其清除。

免疫系统如何"作战"

"敌人"进入人体后,免疫系统中的"士兵"——免疫活性细胞就会接触它们。它们分工明确,有的把"敌人"的特性"暴露"出来,有的吞噬"敌人";有的把"敌人"的信息进一步传递给其他的"兄弟"。经过一阵分工有序地识别与"战斗"后,几乎所有的免疫活性细胞都被"激活",它们派遣出"特种兵"B细胞和T细胞。通过B细胞产生的特异性抗体和T细胞产生的淋巴因子,消灭"敌人"。

另外,还有一些淋巴细胞转化成了"记忆细胞",等下次"敌人"一进入体内就可立即"投入战斗"。最后,所有的免疫活性细胞共同运动,使用它们不同的武器,或直接"消灭敌人",或"瓦解敌人",帮助其他细胞发挥作用。

免疫系统就是这样发挥作用,保护身体健康的。如果没有免疫系统,机体就很容易感染或癌变。到目前为止,除了艾滋病毒外,还没有一种病原微生物能打入人体免疫系统进行破坏。

※ 不同血型免疫系统的差别

抗原在免疫系统中,通过附着在"士兵"的细胞膜上来传递消息、运输营养。可以说，在免疫系统中，抗原"消灭敌人"的真正原因，但由于不同血型中抗原不同，对外来侵入的细菌、病毒等抗原反应也不同，这构成了不同血型免疫系统的差别。

Attention 免疫系统是完全天生的吗

人体的免疫功能分为非特异性免疫和特异性免疫。前者是在人类发育进化过程中形成的，是一种天然的防御功能。无论什么样的敌人，它都可以防御。但后者就不是天生的，它们是在出生后的生活中接触了病原微生物等抗原物质后产生的，是十足的后天"培养"产生的。

A型血的免疫系统

由于A型血形成时期正是人类耕种、驯养技能繁荣时期，长期食用植物性食物的饮食习惯，使得A型血自身的免疫功能和抵抗力都比O型血的祖先时期弱。因此，A型血的人比较容易受到多种疾病和病毒的侵袭。血型研究者经过多年研究、统计发现，A型血的人在许多部位的癌变方面，发病率要明显高于其他三个血型，A型血的人要特别注意预防。另外，虽然A型血的人不适合动物性蛋白，也不容易消化吸收动物类食物，但他们胆固醇含量天生偏高，因此，发生心血管类疾病的概率也高于其他三种血型。

B型血的免疫系统

相对于A型血的人来说，B型血自身的免疫系统和抵抗力明显较高。它们不仅能够很好地保护B型血的人不受各种疾病和病毒的侵袭，而且，还能抵抗现代生活中心脏病、癌症等严重的疾病。即便B型血的人万一不幸得了这种严重的病症，他们也是最有可能生存下来的人。然而，B型血的免疫系统有一点很特别：他们的免疫系统虽然强健，但某些细菌好像特别喜欢他们，而且这些细菌也能够穿越B型血超强的免疫系统防御，从而使B型血成为四种血型中最容易受到细菌感染的人。

B型血的人对流行性感冒病毒防卫能力最差，因此，每到季节交换，容易发生流行性感冒病毒感染时，B型血都应注意做好预防措施。除了外界影响，B型血的免疫系统自身也会发生系统功能失调的情况，从而产生某些很难治愈的疾患，如癌症、风湿性关节炎等，而且B型血女性患这类疾病的危险性要比B型血男性大很多。值得庆幸的是，B型血的抗原与食物凝集素发生凝集反应的概率要比A型血的人和AB型血的人少得多，这也算对B型血人的一点补偿。

Attention B型血的人如何预防感冒

对B型血的人来说，每当季节交换，感冒病菌来临时，B型血的人就要尽量远离人群聚集的地方。这并不是过度防护，而是因为B型血抗原特别喜欢招惹感冒病菌的缘故。另外，B型血的人也要注意个人卫生，从而减少被感染的机会。

O型血的免疫系统

由于O型血是地球上最古老的血型，那时生活环境恶劣，O型血祖先以猎捕的动物为食，所以练就了很强的免疫系统和抵抗力，能够很好地保护他们不受各种疾病和病毒的侵扰。

AB型血的免疫系统

AB型血中同时含有A型抗原和B型抗原两种血型抗原，因此使得AB型血的特性有时像A型血，有时又像B型血，有时则是两者的结合。AB型血的这种不稳定特质，使得他们的免疫系统功能和抵抗力都不是很强。而且他们也像A型血一样，容易受到多种疾病和病毒的侵扰，特别是癌症。AB型血的人应该多加注意。

A型血易患疾病的防治与调养

健康也是一项投资，需要从日常生活中逐渐培养。由于A型血免疫系统呈现出敏感、脆弱的特征，他们容易患肿瘤以及心血管类疾病。

※ A型血体检大排查

身体的健康与抗原有密切的关系。外来血凝素一旦进入体内，身体免疫系统就会派出大大小小的"士兵"前去监视、识别。如果发现不良血凝素，"士兵"就会通过吞噬、瓦解以及凝集等方法减少不良血凝素的危害。但不良物质毕竟会留下痕迹，那些被瓦解的分子或发生凝集反应后的物质，都会沉积在体内。天长日久，就会影响身体健康。

消化道排查

A型血的祖先是素食主义者，长期进食植物性食物的生活习惯，改变了他们曾经强健的消化系统。为了适应植物性食物的消化，A型血祖先胃酸分泌减少，并形成了特定的生理特点。这种遗传特性，就形成了现代A型血胃酸分泌较少，消化系统不够强大的消化特点，而且他们患消化道疾病的概率要远远高于B型血和AB型血。经过研究发现，A型血液抗原对能导致化脓性感染的葡萄球菌、沙门氏菌有特别的吸附作用，所以A型血的人很容易罹患胃病，并很有可能进一步发展成为食道癌或胃癌。

心血管排查

A型血的人血液相对黏稠，这虽然有助于止血，但也加大了对血管壁的压力，容易引发心血管类疾病。据统计，A型血患脑梗死的概率居各血型患此病的榜首，占心血管类病人的35%。另外，A型血的血液中胆固醇含量天生要高于其他血型，因此他们罹患由高胆固醇引起的疾病的概率也比较大。

血型与疾病的关系

很多人在看了前面的讲述后，一定会认为得某些病是"命中注定"的，因为血型抗原决定着易患病症。事实上，血型抗原只是在一定程度上影响着整体的免疫系统，对疾病的罹患没有决定性作用。而且免疫系统的强弱还会受到外界环境的影响，如加强锻炼、良好的饮食、规律的生活习惯都会增强抵抗力。如果你养成良好的习惯，身体素质好，那么不论你是何种血型，都不容易患病。

肝脏等脏器排查

由于A型血的血液黏稠度较高，其中毒素凝集自然较多，这无疑会加重具有解毒、助消化作用的肝胆器官的负担。日积月累，A型血的人就容易罹患肝胆类疾病。据研究发现，A型血的人患胆结石、黄疸病和硬化症的概率明显高于其他血型。而且由于肝解毒功能的加重，它对铁质吸收则会减弱，所以A型血的人还容易出现贫血的症状。

＊A型血与各种疾病的关系

A型血的人容易罹患消化道癌症、心血管、神经系统等疾病，平时饮食应该多加注意。

A型血容易患胃癌吗

在A型血的人容易罹患的消化道癌症中，胃癌占第一位。近年来，血型与疾病研究者发现，抗原能够合成上皮细胞以及细胞膜。对于A型血的人来说，动物性蛋白质能破坏A型血抗原合成过程，使得本来正常合成的细胞，变成了不正常的半细胞形式，体内"国防部队"发现这种情况，会及时清理掉这些细胞。但"国防部队"并不是万能的，一旦这种不正常的细胞形式数量过多，超过了"国防部队"的能力范畴，再加之不正常的细胞自身发生分裂力极强，最终形成肿瘤，即癌症。另外，A型血的人天生胃酸分泌较少，不适合动物性高蛋白的吸收，进食过多的肉食，他们的身体不仅不能快速消化，而且还会产生半腐化的物质，加重胃肠负担，甚至引发胃癌。

A型血与心脏病的关系

心脏病并不是单一的病症，它包括多种心血管类疾病，如心肌梗死、冠心病。A型血的人容易患心脏病的主要原因是由于他们的血液黏稠度较高。动物性蛋白食物中含有大量脂肪，A型血的人进食后，极大地增加了A型血液中的脂肪含量，而且动物蛋白食物中有害凝集素也容易发生凝集反应，从而导致A型血的血液黏稠度增高。血液黏稠度增高后，血管壁为了适应血液强大的压力，就会渐渐变厚，局部血流就会减缓，从而导致血栓的形成。这在无形中就增加了心脏、血管的压力，长期积累后，就会引发心脏、血管等疾病。

A型血与风湿病的关系

风湿病是一种常见的关节炎，通常称为"风湿"。风湿病的特征是身体内许多关节发炎，而且不容易治好，会长期疼痛和水肿，最后导致关节弯曲而不能移动，影响自由活动的能力。据统计，女性患风湿病的概率是男性的5倍。中医认为身体受风或受湿气，长期排不出去，便会导致风湿病。但经过血型专家研究发现，其实风湿病的罹患与身体免疫系统发生障碍有关。这种病有一定的遗传基础，它与人类白细胞中一种叫HLA-B27的组织抗原有关。关于HLA-B27组织抗原是否与A型血抗原有关，目前医学上还没有定论，但通过血型与疾病研究者研究发现，在ABO血型系统中，A型血的人患风湿病或类风湿关节炎的概率要比其他血型者高，这点值得A型血的人注意。

A型血与癫痫的关系

癫痫是一种常见的神经系统功能失调的疾病，是由大脑神经元过度放电导致的。而A型血的血液中所含的抗原，在与某些植物血凝素结合过程中，产生一种有害物质。这种物质能够破坏脑细胞的结构，使脑细胞产生异常放电的情况，所以A型血的人容易患癫痫。

A型血的人如何增强自身免疫力

对于A型血的人来说，天生的免疫系统娇弱并不能完全决定健康状况。因为无论是细菌，还是病菌，都是"欺软怕硬"的物质。你身体软弱，它便来"欺负"你，你变强了，它们只能远远地看着，却不敢靠近你。所以，A型血的人只要遵从适合自己的饮食计划，养成良好的生活习惯，并且坚持适合A型血的运动，病菌就不再敢"欺负"你了。

A型血容易患肺结核吗

血型与疾病研究者发现，在四种血型中，A型血和O型血的人容易患肺结核。这是由于O型血和A型血形成时间较早，其中某些基因发展还未完善的缘故。肺结核是由结核杆菌引起的，而对结核杆菌的免疫主要是由淋巴细胞来完成的。淋巴细胞又与白细胞抗原有相应的关系。只有白细胞某些抗原俱全的情况下，淋巴细胞才会释放出淋巴因子，从而杀灭病菌细胞。而O型血和A型血中白细胞抗原功能较B型血人和AB型血人都弱，因此易感染结核杆菌，罹患肺结核概率较大。

*A型血的调养计划

血型并不是罹患疾病的决定性因素，但它们确实可以引发疾病。掌握血型与疾病的关系，有助于血型疾病的防治。

A型血如何调养消化道

鉴于A型血消化道与抗原的特点，要防治消化道疾病，需要做到以下几点：

❶ 生活中，最好避免巧克力、咖啡、薄荷、红茶以及碳水化合物食物，因为，这些食物中含有刺激性的物质，会令A型血脆弱的胃肠感觉更糟糕。

❷ A型血的人可以在每天临睡前喝一点红葡萄酒，因为红葡萄酒有清理消化道的功用，可降低A型血的人患食道癌或胃癌的概率。

❸ A型血的人还可以通过食疗、药补的方法，改变胃肠状况。最直接的方法就是每天饮用龙胆根水或生姜水。这两种物质都有助于消化，对防治胃病非常有效。

❹ A型血的人还可以通过做揉肚子的运动，促进消化系统蠕动，帮助消化。但要注意，揉肚子时，最好按顺时针方向揉。

A型血如何调养心血管

A型血的血液天生比较黏稠，胆固醇含量较高，因此，生活中只要稍微进食一些动物性蛋白质，其中的脂肪就会偷偷溜进血液，影响血液浓度，增加血管、心脏的负担。所以在A型血的饮食中，首先应避免的物质就是动物蛋白。最好少吃，或者不吃乳制品、脂肪高的肉类以及蛋黄等。

其次，A型血的人还要注意多进食一些具有清肠解毒、降低胆固醇的食物，如生姜、大蒜、柠檬、豆制品和一些深海鱼类等。因为豆制品和深海鱼类可以补充A型血的蛋白质，但不会增加其血液浓度；而大蒜、生姜、柠檬对降低血液黏稠度有良好的作用。最后，A型血的人还应多吃富含维生素C、维生素E和胡萝卜素等抗氧化剂的食物，如樱桃、柠檬、绿叶蔬菜、花生仁、菠萝和谷物等。

另外，A型血的人还可以通过保持和控制体重，保持快乐的心情和健康的心态，来保护心脏和血管。

A型血如何调养脏腑器官

由于A型血的人肝胆负担较重，最好多吃一些富含抗氧化剂的蔬菜和水果，如洋葱、胡萝卜、韭菜、柠檬等。另外，A型血的人还可以多吃一些豆制品或金枪鱼，因为这类食物中所含的凝集素可以有效帮助A型抗原清理胆囊沉积物，预防胆结石。

什么是酸性、碱性食物

经常看到营养专家建议大家吃酸性食物，或碱性食物，可是这些食物到底指哪些食物呢？

酸性、碱性食物指的是食物进入身体后所呈现的酸碱性，并不是味觉上的酸、碱。通常含有钠、钙、镁等金属元素的食物，如豆制品、菠菜、莴笋、土豆等属于碱性食物；而含有磷、硫、氯等非金属元素的食物，如鲤鱼、大米、鳕鱼、鲈鱼、带鱼等属于酸性食物。

✻ A型血的调养食谱

俗话说"药食同源"，食物不仅是人体生命活动中的主要物质来源，还具有一定的治病养生的作用。下面是适合A型血的调养食谱，A型血的人不妨试一试。

饮食调养原则

饮食调养是一门学问，有很多原则，无论哪种血型的人，都应该遵守这些原则。它包括进食方法的合理调配；饮食调养需要形成定时饮食，细嚼慢咽的习惯；食物应尽量以清淡为宜，避免脂肪含量高的食物。另外，还要注意，食物与药物之间的关系，不要互相抵触。

1 〔豆制品〕 Bean product

豆制品含有丰富的营养，不仅是A型血最好的蛋白替代品，还可以降低其血液浓度，减少A型血的人血管和心脏的压力。因此，A型血的人最好要多吃一些豆制品。

韭菜炒豆腐干

材料	韭菜300克，豆腐干400克。	调料	酱油、盐、味精、姜丝、葱段、植物油。

做法

1. 韭菜择洗净，切成4厘米的长段；豆腐干洗净，切成丝，用沸水焯3分钟，捞起沥水。

2. 锅置火上，倒入植物油烧至六成热，放入葱段、姜丝爆香，放韭菜段、豆腐干丝翻炒片刻，加入盐、味精、酱油调味，炒熟即可。

2 〔草菇〕Straw mushroom

草菇不仅味道鲜美，而且含有丰富的维生素、氨基酸、粗蛋白以及磷、钾、钙等矿物质元素，可以有效改善A型血的消化系统。

草菇菜心煲

| 材料 | 草菇、青菜心各250克，松子仁50克，鲜汤一大碗。 | 调料 | 植物油、料酒、酱油、白糖、盐、味精、水淀粉。 |

做法

1. 将草菇洗净，用刀剖开，下沸水锅中焯烫；青菜心洗净，一切两半；松子仁温水泡发。

2. 锅置火上，倒入植物油烧至四成热，放入泡好的松子仁，炸至浅黄色，捞出冷却。

3. 洗好锅后，重新放置火上，倒入植物油烧热，放入菜心煸炒，然后倒入鲜汤，煮沸后，加入草菇、料酒、酱油、白糖、盐、味精，再次煮沸时，用水淀粉勾薄芡，撒入松子仁即可。

3 〔水果〕Fruit

对任何血型的人来说，水果都是很好的食物。但对A型血的人来说，水果除了能补充必要的维生素外，还可以降低A型血的人的血液黏稠度，提高免疫力。

多样水果沙拉

| 材料 | 苹果、桃子各1个，草莓3～5颗，猕猴桃2个，西瓜200克。 | 调料 | 沙拉酱4小匙。 |

做法

1. 苹果洗净后，去皮、去内核，放水中浸泡；草莓去蒂，洗净；猕猴桃去皮后，切成片；西瓜去皮、去子；桃子洗净后，去皮、去核。

2. 将苹果、西瓜、桃子切成小块。

3. 把所有的水果都放入盘中，加入沙拉酱拌匀即可。

4 〔西瓜皮〕Watermelon rind

西瓜皮中也含有丰富的营养，具有利水通尿、清热解毒的功用。

多味西瓜皮

| 材料 | 西瓜皮 500 克。 | 调料 | 花椒、料酒、蒜丝、姜丝、葱段、米醋、白糖、盐、酱油、植物油。 |

做法

1. 西瓜去青皮和瓤，切成细丝，加入盐腌渍30分钟，然后用凉开水冲洗，沥水后盛入盆内。
2. 锅置火上，倒入少许植物油烧热，放入花椒、葱段炸出香味，捞出花椒粒和葱段。
3. 放入蒜丝和姜丝煸炒，出味后，加入料酒、酱油和白糖，稍沸时加入米醋炒匀成味汁，浇在西瓜皮丝上，拌匀即可。

5 〔冬瓜〕Winter melon

冬瓜像西瓜皮以及其他水果一样，具有利水作用，可以适当改善A型血的血液黏稠问题。

冬瓜茶

| 材料 | 冬瓜 500 克。 | 调料 | 姜、白糖。 |

做法

1. 姜洗净后，切成片；冬瓜去皮、去子，洗净后，切成小块。
2. 锅置火上，倒入凉水烧沸，放入姜片和冬瓜块，焖煮40分钟。
3. 熄火后，再闷20分钟，加入适量白糖即可。

知识链接

冬瓜的功能

冬瓜是中国秋季最受欢迎的蔬菜之一，具有体积大、水分多、热量低的特点，既可以炒食、做汤，也可以生腌、糖拌。它味道甘甜而性凉寒，有利于清热解毒、清胃降火以及消炎，对于高血压、水肿腹胀等疾病，有良好的治疗作用。另外，经常食用冬瓜，还能去掉人体内过剩的脂肪，是爱美女性最佳的减肥食物。

B型血易患疾病的防治与调养

> 血型是人体最稳定的遗传性状之一，由于人体免疫也受遗传因素的影响，所以是否患病，患什么疾病与血型有着紧密的联系。对B型血的人来说，虽然他们拥有强健的免疫系统，但他们易受感染的病毒却比A型血的人多很多。

✽ B型血体检大排查

任何完美的防护，都有难以避免的漏洞。对于人体来说，也是如此。虽然人类经过数亿年的进化发展，已经构筑了一套适合自己的完美的防御系统。但人体自身的不确定因素，却形成了完美系统中"难以避免的漏洞"。

消化系统排查

虽然B型血的人拥有一套特别强大的消化系统，但是不知是现代医学发展程度不够，还是B型血抗原本身带有某种特点，B型血的人非常容易受到病菌的侵害。他们最常见的消化系统疾病就是痢疾和腹泻。这两种消化道疾病发生的最直接的原因，就是饮食。因此，B型血的人应多加注意饮食。

神经系统排查

B型血的排查器官与A型血略有不同。在身体的各系统、器官中，神经系统是最容易遭受病毒侵袭的系统之一，于是，神经系统成为B型血体检排查中必不可少的一步。经过血型与疾病研究者多年研究发现，B型血的神经系统相对其他血型弱，比较容易受到某些病毒感染，从而引发关节炎。另外，B型血的人还很"怕"长期的压力，或不适的环境，这些都容易诱发他们产生慢性疲劳综合征。

B型血的特殊疾病注意

除了B型血排查的系统性疾病外，B型血的人还容易患龋齿。当然，根据统计，B型血的人器官移植的排异率、患结核病、口腔癌、乳腺癌以及白血病的比例似乎也比其他血型高。但B型血的人不要担心，疾病的发生有很多外在因素，并不是由血型抗原一个因素所决定的。因此，在生活中，只要对饮食、运动、压力等各个方面稍加注意就可以了。

脏腑器官排查

肝脏、胆囊是B型血的人尤为重要的健康排查对象。研究发现，B型血的人之所以容易感染病毒，肝脏等器官可能担负着大部分的责任。据说B型血的抗原，在肝脏或肾脏部位很"喜欢"黏附病毒的血凝素，因此肾脏的某些疾病或尿道感染成为B型血的人最常见的脏腑类疾病。这类疾病通常会呈现慢性或周期性发作的特点，B型血的人在生活中应多加注意。

*B型血与各种疾病的关系

B型血的人虽然拥有完美的饮食计划，也拥有强大的免疫防御，但他们对疾病、病毒的免疫却并不是完美的。于是，就出现了血型与某种疾病罹患率的特殊关系。

B型血的人真的容易患食管癌吗

A型血的人由于消化系统不够强大，经常受到病毒的侵扰，容易发生消化道疾病。然而，拥有着强大消化系统和免疫系统的B型血的人，也容易罹患消化道疾病吗？答案是否定的。虽然有些学者研究发现，在河南省、河北省、山西省等十几个县市的食管癌病人中，B型血占大多数，但这并不是血型导致疾病的证据。学者进一步研究指出，尽管食管癌的发病率因地区、血型有明显的差异，但这种致病因素并不完全是血型因素。即使有血型的原因，也有可能是B型血中所含的一些与血型关系密切的基因导致的，而且这种基因与遗传或细胞分裂无关。因此，B型血与食管癌的罹患没有直接关系。

B型血容易患肺癌吗

B型血的人一看到这个标题，定会吓一跳，难道B型血中的抗原都是与如此严重的疾病有关吗？其实并不是这样。对B型血的人来说，呼吸系统是他们的薄弱之处。因此，血型与疾病研究者才会仔细研究B型血与肺癌的关系，研究表明，B型血的抗原与肺癌并没有直接的关系。

只是有大量的病例数据证明，B型血的人患肺癌后，痊愈明显较其他血型差。而且经过进一步的研究发现，爱吸烟的B型血人患肺癌的危险要比非B型血的人高2倍。研究者根据这个结果推测，B型血的某些遗传特征对肺癌易感，并可能在吸烟致癌过程中起着某种协同作用。

B型血容易患流行感冒吗

B型血是对病毒抵抗力最低的一个血型种类，据统计，感冒病毒是其最容易招惹的病毒，因为流行感冒病毒的外膜上附着的血凝素对B型血的红细胞具有一定的亲和力和损伤作用。因此，B型血者必须高度警惕与积极预防。

B型血与细菌性痢疾的关系

由于B型血是四种血型中最喜欢"招惹"病毒的血型。因此，研究者将B型血与日常生活中常见的细菌性疾病进行了详细地研究。细菌性痢疾杆菌具有40多个血清型，有复杂的抗原结构和特殊的生化反应。经过数据显示，在四种血型中，痢疾杆菌对B型血的人损害最严重。

专家推测这可能与B型血的人具有B型抗原有很大关系。当然，B型血容易感染痢疾杆菌，但并不代表他们容易患痢疾。因为痢疾的得患，还与侵入体内的细菌数量、致病力和人体抵抗力有关。只要B型血的人坚持锻炼，提高免疫力，就能轻易地战胜痢疾杆菌。

Attention 白血病是怎么回事

白血病又称"血癌"，是一种免疫力降低，导致身体功能严重衰弱的疾病。它的发生与白细胞有关。人体的主要造血器官是骨髓，如果造血组织中某一类细胞发生病变，并快速分裂、增生，从而导致正常造血细胞无法正常工作，产生发热、贫血、易出血、肝脾及淋巴结肿大等各种症状时，表明罹患白血病。白血病的罹患有很大的偶然性，通常患有先天性痴呆样愚型者患病概率较大。

B型血与白血病的关系

白血病是一种具有家族聚集性特点的疾病，即家中如果有患白血病者，那么后代患白血病的概率就要高一些。这种疾病的发生与遗传有关，如果血型中某种遗传基因或染色体异常，就会导致身体白细胞产生、分化的障碍，从而发生白血病。据研究者称，B型血就是含有这种易感遗传基因血型的一种，所以B型血应提高警惕，要避免一切可能导致白血病的外在因素。

B型血与神经根炎的关系

提起神经根炎，似乎很专业，让人摸不清、道不明是哪里，其实只要说牙根、面神经或多发性神经根炎，人们就明白了。生活中，最常见的神经根炎就是牙根炎，对B型血的人来说，尤其如此。神经根炎的发病与病毒感染或自身免疫有关，根据研究发现，B型血的人容易罹患神经根炎之类的神经病变，尤其是三叉神经痛的发病率比较高。当然，疾病的产生是由多方面因素影响的，并不意味着某种血型一定会患某种疾病。在这里，专家只是提醒B型血的人，他们患神经根炎的比例相对其他三种血型较高，但并不意味着他们一定会患这种疾病。

因此，B型血的人只要平日加强神经系统的保健，避免寒冷刺激、化学物质，以及有害射线的损伤，减少风湿以及造成风湿因子的影响，就能确保神经系统以及全身的健康。总之，养生的人总要遵守无病早防、有病早治的原则，才能真正达到身体健康。

知识链接

神经根炎是怎么回事

大家知道，身体之所以会产生感觉，完全是由于神经系统的传输作用。而神经系统是由中枢神经与周围神经共同组成的。中枢神经通常由脑和脊髓，以及它们之间的连接成分组成。周围神经则分布在各个部位，神经根是其重要的组成部分，具有感觉、运动等多种功能。神经根最常发生的疾病是炎症，称为神经根炎，由于神经根所在的部位不同则分别命名，如面神经炎、三叉神经炎、多发性神经根炎等。

✱ B型血的调养计划

对于B型血的人来说，调养的主要目的是减少病毒的侵袭，尽量"打击"自身免疫系统对特殊病毒的"喜爱"。

B型血消化道调养

腹泻和痢疾是常见的季节性消化道疾病，多发生在夏季或秋季。为了尽量减少痢疾杆菌以及其他一些引起腹泻的病毒的侵扰，B型血的人最好做到以下几点：

❶ 夏秋之际，应注意远离人群聚集的地方，这对易感染的B型血人尤为重要。

❷ 生活中，要注意个人卫生，从自身方面减少感染的机会。

❸ 注意夏秋之际天气炎热，细菌容易滋生，最好不要生食食物；家中的菜板或冰箱也要生、熟分开，避免交叉感染。

❹ 要多喝水。水是生命之源，体内代谢需要大量的水，特别是出现脱水症状时，更要多喝盐水、糖水、蔬菜汁和果汁，以保持体力。

❺ 要多做适合自己的运动，提高对病毒的抵抗能力。

> **肝气足否的"表象"**
>
> 肝气是否充足，主要表现在眼睛和指甲。因为肝养目、养筋。一般说来，肝气充足之人，眼睛明亮，黑白分明，炯炯有神，指甲丰满，光洁，呈现粉红色；如果肝火过旺，则眼睛出现充血，白眼球有红赤的症状；如果肝虚，双眼则干涩，视物不清，指甲也会变得脆弱、凹陷，缺少光泽。

B型血神经系统调养

在B型血的饮食中，有一种食物能增强他们体内抗原对病毒的黏附能力，从而提高B型血的感染概率，这种食物就是小麦。因此，B型血的人要严格遵循自身的饮食计划，避免摄入小麦或由小麦做成的食物。B型血的人可以多吃一些蘑菇或苹果，因为这两种食物对增强抗病毒的能力非常有效，可以防止病毒和细菌的附着。

另外，针对B型血的人容易得慢性疲劳综合征的情况，专家建议，他们应该补充一些多形式的B族维生素、维生素C、镁元素和锌元素等。因为这些物质有助于体内激素的分泌，改善B型血的情绪状况，对B型血的人尽快排除压力和调整心理有很大的作用。当然，补充营养物质时，最好是询问医生后再实施。

B型血脏腑器官调养

B型血的肾脏和尿道容易受到某些细菌的感染，引起一种慢性或周期性发作的疾病。鉴于这点，专家建议B型血的人在调养计划中，应摄入一些黑莓。据研究，这种食物中的血凝素有防止细菌附着的作用。

另外，根据《黄帝内经》记载，肝属木，所以春季是养肝的季节；脾属土，适合在长夏进补；心属火，应在夏季进补；肺属金，适合秋季进补；肾属水，最好在冬季进补。

B型血得流行感冒时的调养

B型血很容易受到感冒病毒的侵袭，据说几乎每次的"流感"

袭来，B型血的人都难逃一劫。但疾病与血型并没有必然的直接联系，因此，只要B型血的人增强体质，提高抵抗力，大多能避开感冒的"流行"趋势。如果万一不幸，赶上了"流感"，B型血的人最好做到以下几点：

① 多吃容易消化的食物，如菜汤、稀粥、蛋汤和牛奶等。

② 多吃富含维生素C或者维生素E的食物，如苹果、枣、橘子以及牛奶、鸡蛋等。

③ 要多喝水，保证水分的供给。

④ 做适当运动，加快血液循环以及新陈代谢，尽早把病毒"驱赶"出身体。

Attention 治疗感冒小偏方

葱白生姜汤 葱白、生姜都具有发散风寒、发汗解表的作用，因此风寒感冒症状轻者可用此招。如果是病毒性感冒，最好在吃感冒药的同时，用葱白、生姜辅助治疗。

具体制作方法是：葱白1根切成四大段，生姜洗净后切成五片；将两种材料放入水中煎煮一段时间即可。将葱白生姜汤当茶水饮用，可有效预防、治疗感冒。

B型血护牙术

对于B型血的人来说，护牙尤为重要。由于他们比较容易患龋齿和牙周炎。因此，在生活中，B型血的人应该做到以下几点：

① 青少年时期就要注意牙齿的整齐以及牙齿卫生。因为，此时是矫正牙齿不齐的关键时期。

② 青中年时期要注意牙齿健康，避免吸烟。据调查显示，青中年时期吸烟，容易导致牙周病。人到中年后，身体各项功能基本处于平衡的状态，牙龈开始逐渐萎缩，牙根显露，吸烟等不良习惯容易影响牙齿健康，引发龋齿。

③ 最好戒烟、戒酒。因为烟、酒容易增加牙结石，从而持续损伤牙龈组织。

总是用一种牙膏好吗

人们往往有一种奇怪的习惯，即认定了一种生活用品品牌后，就不愿意再换了，并感觉用同一种品牌很不错。其实这是不正确的，尤其是在选用牙膏上。目前市场上的牙膏种类很多，有洁白的，有巩固牙龈的，有消炎、止痛的，你可以根据自己牙齿的不同情况，选择牙膏，没必要总是选择一种。因为长期使用同一种牙膏，反而会使口腔中细菌群比例失调，影响效果。

④ 要保持口腔的清洁，少吃甜食，每天做叩齿运动，促进牙龈血液循环，进而增强牙周组织的功能和抵抗力。

⑤ 多吃核桃、鸭梨、枸杞子。因为核桃中含有丰富的脂肪油、维生素E、钙等物质，可以通过咀嚼渗透到牙本质小管内，预防牙本质过敏。鸭梨有洗刷牙面的作用，可以防治牙龈充血、萎缩。枸杞子具有补益肝肾、壮筋骨的功用，常吃对牙齿也很好。

❋ B型血的调养食谱

在四种血型中，B型血的调养是最好达到的。因为他们是四种血型中最完美的饮食计划者，几乎可以吃遍动物和植物。专家设计了以下几款菜谱，常吃可以有效提高免疫力。

1〔香菇〕Mushrooms

香菇营养丰富，而且其孢子上的槟榔状小颗粒具有刺激感冒病毒的功用。当它遇到感冒病毒时，就会形成一层厚壁，使感冒病毒失去功能，进而增强人体的抵抗能力。除了香菇外，红辣椒也具有这种功能。

香菇炖排骨

材料	排骨500克，水发香菇300克。	调料	大料、花椒、料酒、葱段、姜片、盐、味精、酱油、植物油。

做法

1. 水发香菇洗净、去蒂；排骨洗净后，放入沸水中焯一下，去除血水，捞出后用凉水冲去浮沫。

2. 锅置火上，倒入少许植物油，放入排骨，快速翻炒片刻后，加水，煮沸后，放入香菇以及各种调料，小火煨熟即可。

2 〔黑木耳〕 Auricularia auricula

黑木耳营养丰富，含有丰富的蛋白质、碳水化合物、维生素以及身体必需的矿物质，具有益智健脑、滋养、通便的功效。这对于容易便秘的B型血来说，是非常适合的营养食物。

黑木耳粥

| 材料 | 黑木耳10克，红枣5颗，大米100克。 | 调料 | 冰糖汁。 |

做法

1. 将黑木耳用温水泡发，洗净后去蒂，撕成小瓣；红枣洗净后，去核。
2. 大米用清水淘洗干净后，放入锅中，再加入木耳和红枣，以及适量的水。
3. 锅置火上，烧沸后，改小火慢熬；待木耳熟烂时，调入冰糖汁即可。

3 〔菠萝〕 Pineapple

菠萝中含有丰富的果酸和维生素C，具有治疗炎症、促进消化、利尿的效果，对神经和肠胃有一定的保养作用。

菠萝土豆丁

| 材料 | 新鲜菠萝1/2个，土豆1个，嫩黄瓜1根。 | 调料 | 盐、白糖。 |

做法

1. 菠萝去皮后，洗净，放入加入少许盐的凉开水中浸泡10分钟左右，捞出后切丁；嫩黄瓜洗净，切成丁放入碗中，撒上少许盐，拌匀，腌渍10分钟；土豆去皮，洗净。
2. 锅中加水，放入土豆，中火煮熟，捞出沥水，切成与菠萝丁大小的小丁。
3. 将泡好的嫩黄瓜丁，滤去盐水，和土豆丁一起放入菠萝丁盘内，加适量盐和白糖拌匀即可。

4 〔贝母〕Fritillaria

性凉味苦，能清热解毒，入肺止咳，常与桔梗、桑叶、菊花等搭配，治疗由感冒引起的咳嗽、咽燥。

桔梗贝母粥

| 材料 | 桔梗20克，贝母10克，大米100克。 | 调料 | 冰糖。 |

做法

1. 桔梗浸润透，切成薄片；贝母洗净，去杂质；大米淘洗干净；冰糖打碎成屑。
2. 将大米、桔梗、贝母同放锅内，加清水1000毫升，置大火上烧沸，再用小火煮35分钟，加入冰糖碎，搅匀即可。

知识链接

怎样选择新鲜黄瓜

通常新鲜的黄瓜颜色是浓绿而有光泽的，蒂的切口是嫩绿的，有些新鲜的黄瓜蒂上的切口有亮闪闪的黄瓜汁凝成的小珠。另外，新鲜黄瓜的表面有突起，摸上去有刺手的感觉。总之，越是嫩绿的，颜色鲜亮的，才越是新鲜的黄瓜。

5 〔雪梨〕Sydney

梨向来是人们秋冬时节降火的好水果。可是你知道吗？它们不仅具有降火、抗氧化、润肺止咳的作用，而且对B型血的人的牙齿也非常有益。

雪梨黄瓜粥

| 材料 | 雪梨1个，黄瓜1根，山楂糕1块，糯米稀粥1碗。 | 调料 | 冰糖。 |

做法

1. 雪梨去皮、去核，洗净切块；黄瓜洗净，切条；山楂糕切条备用。
2. 锅中放入糯米稀粥，上火烧沸，加入雪梨块、黄瓜条、山楂糕条及冰糖，搅拌均匀，用中火烧沸，盛出即可。

O型血易患疾病的防治与调养

> O型血是地球上出现最早的血型，虽然他们拥有超强的身体素质，但过于偏向肉食的饮食习惯，使得他们的身体素质并不如想象中的那么强悍。O型血的人患某些严重的病症的比例也很大。

✱ O型血体检大排查

O型血的身体素质具有原始的开放性和包容性，几乎对各种肉食的血凝素都可以接受。因此在健康上，体现出某些部位容易凝集血凝素的特点。

消化系统排查

O型血狩猎者的饮食习惯，造就了他们胃酸分泌过多、有超强消化系统的体质。这虽然有利于消化，但事物有利就有弊。如果O型血的人长期不进食肉类，过多的胃酸就会侵蚀消化系统本身，于是，胃肠类疾病成为O型血消化系统常见病症之一。

在消化系统疾病中，O型血的人最容易得的是胃病、肠炎以及消化道溃疡。这与他们大大咧咧的性格，以及平日不注意饮食调养有很大关系。另外，O型血与B型血有一点相似，那就是都爱"招惹"某种细菌。据研究发现，一种能够引发消化道溃疡的细菌非常"喜欢"O型血的人，而且它们还能使O型血发生疼痛、恶心、呕吐和食欲不振等症状，严重时还会引起胃出血。

心血管系统排查

根据以往的养生观点，O型血的饮食计划中包含了过多的高动物蛋白，这必然会导致O型血心血管类疾病患病率的提高。然而，事实上并非如此。经过血型疾病研究者多年地统计发现，O型血虽然进食大量的高动物蛋白，但他们患心血管类疾病的概率反而较低。这是因为O型血的血液比较稀薄，且不容易凝固的缘故。

心血管系统常见疾病有哪些

心血管是指心和血管，而心是指心脏，血管是指动脉、静脉和毛细血管。血液的黏稠度与心血管类疾病有密切的关系。一般血液浓稠度高，就容易患心血管疾病，血液黏稠度低，就不容易患心血管疾病。常见的心血管系统疾病有：冠心病、高血压、高脂血、心绞痛、心肌梗死等。

免疫系统排查

虽然O型血拥有强大的免疫系统，但他们的甲状腺功能却不够发达，有甲状腺功能失调、胰岛素分泌较少、肾上腺皮质素的含量较低等生理特点。据观察，O型血的人经常会发现甲状腺功能亢进或减退，容易患甲状腺功能失调和炎症，或自身免疫系统失调的症状，这也是他们经常发生疲惫乏力、紧张不安、冷热不适症状的原因。总之，尽管O型血免疫系统很强大，但他们患免疫系统疾病的概率也是比较大的。

*O型血与各种疾病的关系

O型血与其他三种血型相比，是不容易患病的一种人。他们的健康，连具有完美饮食计划的B型血的人也比不上。关于这点，就连专家也感到非常惊奇。或许是由于O型血是其他血型最基础的血液之一的缘故，或许与O型血祖先遗传下来的强健的基因有关，总之，做O型血的人足够幸运，只要他们坚持适合自己的饮食计划，定会获得健康、快乐的生活。但由于形成时间最早，某些遗传因子并未进化完善，O型血的人还是需要关注某些疾病与他们之间的关系。

O型血与消化性溃疡的关系

早在20世纪90年代，学者发现，在各类消化道疾病中，O型血的人占有很大比例。但当时人们并不知道原因，经过几代科学家的研究发现，O型血的红细胞膜表面上的抗原很容易受到幽门螺旋杆菌的攻击，而幽门螺旋杆菌是导致胃溃疡和十二指肠溃疡的罪魁祸首。

Attention LeB抗原与消化道溃疡关系解析

LeB抗原是幽门螺旋杆菌种的主要抗原形式，但它的成分与构成很大一部分与O型血抗原重合，这种幽门螺旋杆菌的受体叫做"岩藻糖"，而O型血抗原由"海藻糖"构成的名字中也可以得到证明。简单说来，就是幽门螺杆菌的受体"岩藻糖"与O型血抗原"海藻糖"是两种十分相似的物质。因此，O型血的胃壁容易吸附幽门螺旋杆菌，也就容易患消化道溃疡。

幽门螺旋杆菌细胞与人体的细胞很相似，在细胞表面也有很多血细胞"抗原"或凝集素，而这种称之为"抗原"或凝集素的物质，具有识别、附着人体红细胞和使人体红细胞变形的功能。一旦消化道中的幽门螺旋杆菌细胞聚集到一定程度，就会大面积改变人体红细胞，从而引发溃疡。

幽门螺旋杆菌是如何破坏O型血的消化道的呢？这要从不同血型所带的不同糖链说起。血型之所以不同，就是因为血型基础物质——海藻糖分子结合的糖链不同。由于O型血形成时间最早，它的血液中只有最基础的海藻糖，因此血液中红细胞表面的糖链较其他血型脆弱。研究专家发现，其实在其他血型的胃壁上，也黏附着很多幽门螺旋杆菌，但由于其他血型抗原后所结合的糖链较O型血的糖链稳固，幽门螺旋杆菌不容易破坏它们的糖链，无法改变它们红细胞的形态，所以O型血是受幽门螺旋杆菌伤害最大的一类人。

在这里还需要提醒O型血的人，幽门螺旋杆菌还是消化道癌变的元凶。因此，生活中，O型血的人应早加预防。

O型血与阑尾炎有关吗

阑尾炎是由细菌侵入阑尾导致。通常细菌进入阑尾会分泌内毒素和外毒素。待大量的毒素聚集后，阑尾的黏膜上皮就会发炎，严重者可发生溃疡。因此，患者会出现疼痛难忍、高热、白细胞增加的状况。科学研究发现，O型血的人比其他三种血型更容易患阑尾炎。专家推测，这可能与O型血的人体内没有A、B抗原有关。

＊ O型血的调养计划

调养，并不是身体出现不适才去调理、养护，而是身体在自然状态时，就应该调养，使身体达到最好的平衡。

O型血消化道溃疡的调养

O型血的人消化道很容易因为胃酸分泌过多，引起消化道溃疡。其实，消化道疾病与日常生活饮食或者某些药物的不良作用有直接关系。因此，O型血的人应该注意饮食。在时间上，应注意形成规律饮食，定时定量，避免暴饮暴食，以免增加胃肠的负担。进餐时，最好选择含有丰富蛋白质、维生素以及铁质的食物，而且最好细嚼慢咽，进食不要过于匆忙。O型血的人要遵从少食多餐的饮食规则，除三餐外，最好在上午、下午、临睡前加一次小点心，这点O型血的上班族特别需要注意。进餐后，最好放松心情，略作休息后再工作。这是由于进餐后，血液循环集中在胃肠，如果此时投入紧张的工作，不仅不利于消化，而且还容易导致胃穿孔等疾病。

在日常食物的选择上，O型血的人要注意不要吃那些具有刺激性、高纤维、不易消化的食物。虽然O型血的消化系统比较强大，但那只是针对适合O型血的肉类食物来说，对于植物性食物，任何高纤维的食物都不利于O型血的消化。在烹饪手法上，O型血的人最好选用蒸、煮、炖等较易消化的食物，避免烹炸煎烤。

另外，O型血的人对某些药物也会产生刺激反应。因此，专家提醒O型血的人，要选择合理的用药途径和方法，而且要根据自己的习惯、特点加以调整。O型血的人还要养成良好的生活习惯，注意自己的精神，锻炼身体，避免过度紧张与焦虑；要注意多休息，不要熬夜，尽量生活规律，避免情绪、压力急剧变化等；如果出现身体不适，应尽早看医生、遵医嘱服药。

知识链接

O型血饮料选择有原则

碳酸饮料是时下很多年轻人的最爱，他们经常手拿可乐、雪碧，并成为一种时尚，其中不乏O型血的人。但对于O型血的人来说，这并不是他们最好的选择。由于其生理特点，O型血人应尽量避免饮用刺激性饮料，尤其是常见的碳酸饮料、烈性酒、咖啡、浓茶等。因为它们会刺激消化能力本来就很强的胃酸分泌，直接损伤胃黏膜。相反，简单方便的泡沫红茶是他们身体最容易接受的饮料。因此，O型血的人不妨放慢脚步，泡一杯伯爵茶或玫瑰花茶，给忙碌的心放一个小假。

O型血心血管的调养

虽然O型血的人不容易得心血管类疾病，但由于他们天生血液稀薄，不容易凝固，很有可能导致其他疾病如在手术时，出现大出血或不容易止血的情况。鉴于O型血的这个特点，专家建议，某些食物具有使血液变稀的功用，如银杏等，O型血的人尽量少吃或不吃，尤其是在手术之前。相反，他们平日里应多补充一些可帮助血液凝固的营养，如维生素A、维生素C、维生素K等。

O型血免疫系统的调养

由于O型血的免疫系统很容易出现功能失调的情况，发生免疫系统炎症的机会要比其他血型的人更多，因此，O型血的人应注意平日免疫系统的保养。在饮食上，避免摄入过多的谷类和奶制品，尤其是全麦食物和牛奶，这些食物容易导致O型血免疫功能失调，发生其他器官炎症。在日常生活方面，O型血的人要注意平日的锻炼，增强免疫力、抵抗力，尽量用自然的方法、自身的力量抵御"异物"的侵袭。

O型血阑尾炎的调养

O型血容易得阑尾炎，只是从免疫系统某些部位容易受感染这一个因素考虑。一般说来，疾病的罹患与医治一直都是多种因素共同作用的结果。因此，我们虽然在这里提到O型血的人容易患阑尾炎，但O型血的人完全不用过分担心。

> ### O型血的爱吃指数
>
> 据说，O型血是四种血型中最爱讲究饮食的人群之一，他们对美食的追求近乎完美，要求色、香、味俱全，数量不重要，他们更重视菜肴的品质。但另一方面，O型血的人性格大度，能包容，所以即使眼前食物不精美，他们为了不令别人尴尬，也会拿起筷子，偶尔夹点东西吃。

另外，阑尾炎是一种常见的细菌感染疾病，与饮食有密切的关系，O型血的人只要平日注意饮食调养，阑尾炎是绝对不会拉响你的身体警报的。生活中，O型血最好做到以下几点：

❶ 尽量保证食物的清洁、卫生。因为阑尾炎通常都是由于进食不洁的食物引起的。

❷ O型血的人最好不要过量饮酒，也不要吃一些生、冷、辛辣的食品，以免刺激胃肠。

❸ 蔬菜、水果是身体最好的"清洁工"，O型血的人应多吃适合自己的蔬菜水果，并适当补充营养。

❹ 尽量避免进食如排骨、韭菜、豆芽、土豆、糖醋食物、过甜的点心、盐，以及生葱等。因为炸排骨、韭菜、豆芽为机械性刺激食物，容易刺激O型血胃酸分泌；而土豆、红薯、糖醋的食物、甜点等，容易使本来呈酸性的O型血人的身体更"酸"；生葱、洋葱等都是容易产生胀气的食物，O型血的人最好少吃。

❺ 要保证休息。因为过度疲劳会降低人体抗病能力，从而引发各种疾病。

O型血人呼吸道疾病调养

O型血的人与B型血的人相似，呼吸道是他们的薄弱之处。对O型血的人来说，支气管疾病成为严重威胁其健康的一种慢性疾病，因此，他们应注意平日预防。一般说来，冬季、春季是呼吸道发病的高发时期，O型血的调养计划也应具有季节性，饮食应以护阳、补阳为主，多食用枣、羊肉、鱼肉等食品。

而夏秋阳气盛，则应以滋阴为主，饮食应避免辛甘燥烈食品，应少吃辣椒、生葱之类的辛辣食品。另外，还要多吃含有维生素A、维生素C及钙质的食物。因为维生素A有润肺、保护气管之功；维生素C有抗炎、抗癌、防感冒的功能；钙能增强气管抗过敏的能力。生活中常见的富含维生素A、维生素C以及钙的食物有猪肝、胡萝卜、杏、大枣、柚子、番茄、猪骨等，O型血的人可以多吃一些。

Attention 支气管炎如何调理饮食

即使不是O型血的人，也有患支气管炎的危险。因此，不仅是O型血的人，其他血型的人也应该学会支气管炎调理方案。即根据自己平日的身体状况，有针对性地选择食品。如果有痰多、食少、舌苔白的症状，最好选用南瓜、莲子、山药、糯米、芡实等食物来补脾；如果有四肢发冷、小便清长、腰酸的症状，宜选食狗肉、胡桃、牛睾丸、羊肉来补肾；如有多汗、易感冒等反应，宜选食动物肺、蜂蜜、银耳、百合来补肺。

＊O型血人调养食谱

对O型血的身体来说，含有优质的动物蛋白食物最适合他们了。他们消化功能强，免疫力高，非常适合难消化的动物食物。

1 〔牛肉〕Beef

牛肉是常见红肉中最受欢迎的一类，不仅营养丰富，与薏米、蚕豆搭配后，可改善食欲不振、肢体水肿的症状，非常适合O型血。

蚕豆炖牛肉

| 材料 | 牛肉200克，鲜蚕豆100克。 | 调料 | 盐、姜片、葱段、料酒。 |

做法

1. 蚕豆洗净，泡软；牛肉洗净，切块。
2. 将牛肉块、蚕豆、盐、料酒、姜片、葱段和适量水一起放入沙锅，放置火上，烧沸后，改小火炖熟烂即可。

薏米莲子牛肉汤

| 材料 | 莲子、薏米各100克，牛肉200克。 | 调料 | 盐、料酒。 |

做法

1. 莲子洗净，去心；薏米洗净，将莲子、薏米一起放入容器中加入沸水浸泡一夜，使之丰满柔软；牛肉洗净去脂肪，切成1.5厘米厚的块。
2. 锅置火上，加水烧沸，放入牛肉块焯一下，除去污血，捞出沥水。
3. 洗净高压锅，将浸泡好的莲子、薏米，连同浸泡的水一齐倒入锅内，放入焯好的牛肉块，大火煮沸出汽后，再转小火煮20分钟。
4. 待煮好后，放入适量盐、料酒调味即可。

2 〔动物肝脏〕 Animal liver

对于O型血的人来说，动物肝脏具有补中益气、解毒的功效，可以多吃一些。

洋葱炒猪肝

| 材料 | 鲜猪肝200克，洋葱150克。 | 调料 | 植物油、盐、姜丝、水淀粉、酱油、白糖。 |

做法

1. 猪肝洗去血水，切成片，放入水淀粉、盐、酱油、姜丝腌渍20分钟；洋葱撕掉外皮，洗净，切成块。
2. 锅置火上，倒入植物油烧至五成热，放入猪肝片爆炒，炒至变色时，放进洋葱块继续炒。
3. 待洋葱块炒至变软时，放入少许白糖略炒几下即可。

Attention 炒动物肝脏注意

制作动物肝脏的菜肴时，一定要将肝脏炒熟、炒匀，以免生肝脏上附着有毒细菌。如果不放心，也可以先用水煮，然后再切片炒熟。

3 〔蔬菜〕Vegetables

O型血的人虽然适合多吃优质的动物蛋白，但这并不意味着他们也不吃一点蔬菜、水果。在日常生活中，吃一些蔬菜、水果补充体内维生素、矿物质或平衡体内酸性，还是有举足轻重的作用。

鲜味西芹做法

| 材料 | 西芹500克，虾皮100克。 | 调料 | 葱丝、姜末、蒜末、盐、味精、花椒、植物油。 |

做法

1. 西芹洗净，纵向切开，切成4厘米的段，并放入沸水中焯1分钟，捞出，过凉，沥水。
2. 锅置火上，倒入植物油，放姜末、花椒、西芹段、虾皮炒一下。
3. 待西芹段熟后，关火，加入葱丝、蒜末、味精、盐拌匀即可。

4 〔黄豆〕Soybean

在所有豆类中，黄豆是食用价值最高的一种，素有"豆中之王"的美称。黄豆中含有丰富的蛋白质和皂角苷、蛋白酶抑制剂、异黄酮、钼、硒等抗癌成分，对癌症有很好的抑制作用。

黄豆煲大骨

| 材料 | 猪脊骨600克，黄豆200克。 | 调料 | 盐、葱花。 |

做法

1. 黄豆洗净，泡好后，放入沸水中煮软；猪脊骨焯水备用。
2. 锅置火上，倒入清水煮沸，放入猪脊骨，改小火煮约1小时。
3. 放入黄豆煲20分钟左右，黄豆熟透软烂时，加入盐，撒上葱花即可。

AB型血人易患疾病的防治与调养

由于AB型血是A型、B型两种血型的结合体，因此具有两种血型的部分特点。在食物选择上，他们接近B型血的特征，无论肉类、植物类都可以涉足。但在身体方面，AB型血则更像A型血的人，自身免疫功能和抵抗力都不强，而且易受到多种疾病和病毒的侵袭。

※ AB型血体检大排查

血型研究者曾把AB型血称之为"双重美丽与哀愁"，而AB型血的身体特征也正像血型研究者描述的那样，既具有B型血健康、平和、稳定的特点，也有A型血的敏感与脆弱。

消化系统排查

AB型血的消化能力、免疫能力都不是很强，血型疾病专家曾一度以为他们会像A型血那样，具有某些消化系统疾病。但是AB型血的人用事实证明，他们的消化系统虽然不够强大，但他们绝不是容易患消化系统疾病的那一类人。

对于AB型血的人来说，虽然他们胃酸分泌较少，对动物性蛋白消化吸收也较慢，但他们却有办法让自己更健康。专家推测，这或许也是"双重抗原"的美丽所在。

在这里需要提醒AB型血的人，不要因此而沾沾自喜，因为尽管你们不易患消化系统疾病，但如果进食过多的肉食品，却有可能引起脂肪堆积，进而引发肥胖、心脏病或糖尿病等病症。

神经系统排查

神经系统是身体中比较神秘的部分，因此，有关神经系统疾病的排查要比其他系统排查难度大。到目前为止，专家尚未找到AB型血的人与某些精神疾病之间有关的证据，但研究显示，AB型血的人患精神分裂症的概率确实要比其他血型高。人们推测，神经系统疾病多由遗传因素影响，这与血液中隐藏起来的基因或许有很多关系。血型密码或许是解开这个秘密的钥匙。

心血管疾病排查

AB型血人的胃肠很有特点，对含有优质蛋白的动物性食物，它们会表现出新陈代谢慢、吸收作用率低的特点，但一旦遇到植物类食物，就会立即开展"工作"，通过快速的新陈代谢，以及高效的消化能力，来表明它们是喜欢植物性食物的。这是AB型血身体的特点，也是矛盾所在。

AB型血的身体天生适合肉类食物，但他们的胃肠却不允许这样做。当身体的意愿胜过了胃肠的意志，AB型血的人就会转而吃肉，新陈代谢效率就会降低，脂肪会囤积在体内，进入血液，使得AB型血原本就黏稠的血液更加黏稠，从而提高了患心血管类疾病的概率。由于黏稠的血液，AB型血的心脏和血管本身工作压力就很大，如果AB型血的人进食过多肉食，他们患心血管类疾病的危险性就会增加，尤其心脏病和高胆固醇血症。

免疫系统疾病排查

在身体特点上，AB型血的人更多地承袭了A型血的特点，自身免疫系统和抵抗力都不是很强，很容易受到病毒和疾病的侵扰。因此，通常A型血容易患的免疫系统疾病，大部分AB型血的人也会罹患。另外，AB型血的人分泌的肾上腺素也比较高，因此，应注意及时调整心情或心理状态。

肾上腺素是怎么回事

肾上腺素是体内肾上腺分泌的一种激素，具有使心脏收缩力增强，扩张脏器、筋骨中血管和缩小皮肤、黏膜上血管的作用。医学上常把肾上腺素用作心脏停止时刺激心脏的药物，或者哮喘发作时扩张气管的药物。

✻ AB型血与各种疾病的关系

由于AB型血的人具有"美丽"和"哀愁"两种特性，因此他们与疾病的关系也显得扑朔迷离。

AB型血与高血压的关系

高血压是现代生活中最常见的心血管类疾病之一，是指血液对动脉压力增高的一种病症。其实，AB型血的人容易患高血压有两点原因：一方面由于AB型血中含有A、B两种抗原，而血清中不含任何凝集素，因此AB型血的人可能缺乏某种血液的自身保护作用；另一方面，AB型血的人的血液黏稠度较高，血流较其他血型流动慢，对血管壁造成压力较大，从而容易患高血压。

Attention 高血压的症状

高血压是现代生活中最常见的一种富贵病，它都有哪些症状呢？通常高血压都伴有头痛、恶心、呕吐、眩晕、耳鸣、失眠、肢体麻木的症状。其中，头痛部位多感觉在后脑，而且很剧烈；耳鸣是指双耳耳鸣，而且持续时间较长。高血压会导致大脑皮质功能紊乱，以及自主神经功能失调，所以会入睡困难，有早醒、睡眠不踏实、易做噩梦、易惊醒的症状。

AB型血容易得呼吸道疾病吗

呼吸道比较脆弱，最容易受到细菌的感染，但发生呼吸道疾病却与血型无关。研究者发现，在众多呼吸道疾病的病例中，AB型血的人占了很大一部分。但研究者推测，血液中可能有某种抗原是控制呼吸道感染的，而由于AB型血中含有两种抗原，血清中不含抗体。所以，AB型血的人患呼吸道感染的比例要高于其他血型。

另外，由于环境空气中浮尘的增加，各种微生物、病毒都飘浮在空中，也成为AB型血的人易患呼吸道疾病的重要原因。

AB型血真的容易患精神分裂吗

医学上，精神分裂是一种由遗传因素影响的精神类疾病，如果家族中曾有人患过此病，那么后代中患此病的概率将大大增加。导致精神分裂的遗传因素，主要是由染色体畸变或基因突变造成的。

基因中某种成分的缺失，或某种物质增加，会损害脑细胞的结构或物质代谢过程，从而导致精神分裂。专家推测，AB型的血液中或许容易发生这种情况。另外，AB型血的人个性比较冷静，心事比较重，神经反应也比较敏感，增加了他们患精神类疾病的概率。

AB型血与肝炎的关系

肝炎是指肝脏发生了炎症，多数是由病毒引起的，对人体健康有很大的危害。其实，真正说来，血型与肝炎没有直接的关系，只是研究者发现，病毒性肝炎除了亲友密切接触感染的原因之外，与个人身体内在的易感性也有很大关系。根据病例统计数据显示，AB型血的人受到肝炎病毒侵袭的概率高于其他血型。因此，血型疾病研究者推断，AB型血液中可能含有某种物质，或者缺乏某种物质，对肝炎病毒存在易感性。但这并不是说AB型血的人一定会患肝炎，如果AB型血的人坚持适合自己的饮食计划，而且每天坚持做运动，提高抵抗力，不接触病毒性肝炎的源头，一般人都不会患肝炎。另外，AB型血的人值得庆幸的是，目前从婴儿开始，就已经开始接种了预防肝炎的疫苗，这将大大降低肝炎的感染率。

知识链接

肝炎有哪些症状

通常肝炎早期没有明显的症状，但是有以下几点时，你就应该检查身体了。

一、经常疲乏无力。轻者感觉工作不久就会疲劳，工作效率也减低；较重者则会感觉全身乏力，两腿沉重，稍微行动，就会觉得全身软弱无力，仿佛只有卧床休息才能改变。

二、无来由的发热。一般肝炎早期不会发热，除非伴有黄疸。如果身体发热，而且脸色变黄，最好去医院检查一下。

三、体重骤然降低。肝病早期有消化功能障碍、食欲不振、全身性消耗增长的症状，因此体重会明显下降。

AB型血与心脏性猝死的关系

心脏性猝死是指由心脏突然停止跳动引起的某种无法预料的自然死亡。这类疾病与遗传因素有一定的关系。血型基因中，包含着很多人体健康或疾病的密码，这些密码与人体器官紧密相连。如果这些密码有些许地变异或改变，就会影响身体健康。心脏的跳动正是由这些密码影响着，而俄罗斯医学家发现AB型血的人心脏性猝死发病率高于其他血型。

*AB型血的调养计划

AB型血的人与疾病的关系，表明了他们身体中某些器官或系统的脆弱性。然而，他们又是幸福的一群人。他们结合了A型血和B型血的特点，无论是高动物蛋白，还是多纤维的植物类食物，他们都能接受，这对AB型血的调养简直是一大幸事。

AB型血消化系统疾病的调养

消化系统是人体吸收营养的重要通道，消化系统运作正常，身体就健康；如果消化系统虚弱，人体就容易生病。在所有的消化系统中，肠胃最为重要，所以消化系统的调养，关键在于胃肠的调养。虽然AB型血的人消化系统不容易生病，但也要注意调养。平时应该注意气候季节的变化，太冷或者太热都会影响消化功能。AB型血的人还要注意饮食调理，形成一定的饮食规律，不能暴饮暴食，除此之外，还应多吃蔬菜，少吃零食，只有肠胃功能正常，人体的抵抗力才会提高。

AB型血心血管类疾病的调养

AB型血的人心血管类疾病的调养关键是饮食的调养。既然天生血液黏稠，最好多吃一些能"稀释"血液的食物，如豆类及豆制品、柠檬水、鱼油、亚麻子油和核桃仁等。另外，很多食物，如洋葱、大蒜、海带、香菇等对降低胆固醇也大有帮助，AB型血的人不妨多吃一些。

> ## 心血管疾病中的"远白近黑"原则
>
> 在心血管病调养的医学理论中,一直流传着"远白近黑"的原则。这里的"白"是指饮食上三种白色的食物——糖、盐和猪油;而"黑"是指三种黑色的食物,它们分别是黑芝麻、蘑菇、黑米。"远白近黑"是指远离糖、盐、猪油,因为它们会加重血液负担;接近黑芝麻、蘑菇和黑米,因为这些食物有助于血液循环。

AB型血的人可以通过散步来减少血液对心脏、血管的压力。对AB型血的人来说,宜长时间散步,关键是天天坚持。

AB型血神经系统疾病的调养

AB型血的人最容易患的神经系统性疾病是精神分裂症,这是心理疾病,多与AB型血人的性格有关。因此,此病的调养关键在于心理调养。生活中,要提醒自己保持良好、放松的心情,对待事情不要苛求自己和别人。在饮食上,AB型血的人也可以通过适量进食高蛋白、高纤维的食物,来维护身体健康。

AB型血呼吸道疾病的调养

AB型血人抗原、抗体的特殊存在形式,使得他们的呼吸道成为容易受感染的部位。因此,AB型血的人最好在生活中注意以下几点:

❶ 感冒病毒来袭或季节变换,不要到人群密集区,以免感染。

❷ 生活上,最好要戒掉烟、酒。因为烟、酒对呼吸道的刺激很大,容易使本已脆弱的呼吸道更加脆弱。

❸ 同避免烟、酒的刺激一样,AB型血的人最好也不要吃具有刺激性的食物,如辣椒、虾、蟹等。

❹ 一旦发生呼吸道感染,最好避免进食冷寒、咸鲜、油腻的食物。

另外，也要注意避免吃容易引起过敏的食物，如鱼、虾、牛奶、鸡蛋等食物。

总之，要避免罹患疾病，最主要的还是提高免疫力。关于呼吸道疾病，无论何种血型都应注意预防。

AB型血高血压的调养

高血压已经成为现代社会一种常见的富贵病了，并不是单单AB型血的人容易罹患。只要在日常饮食中，过多摄取动物性食物的人，都容易患高血压，当然O型血的人除外。一旦罹患高血压，就很难治愈，只能慢慢调养、抑制恶化。

高血压调养主要注意饮食和习惯两方面。在饮食上，要纠正不良的饮食习惯，应细嚼慢咽，尽量少吃或不吃零食。而且高血压与每日的盐摄入量有密切的关系，AB型血的人最好少摄取一些盐，多吃些水果、蔬菜。在生活习惯上，要保持规律的作息时间，控制体重，尽量不熬夜、不吸烟，而且要保持愉悦的心情。

AB型血肝脏的调养

由于肝脏是帮助消化，为身体解毒的器官，所以与日常饮食有密不可分的关系。AB型血的人应该保证每日摄取充足的热量和糖类，以补充全身消耗的能量；要增加蛋白质的供给，以促进肝细胞的修复与再生；不要过分限制脂肪的摄入，以保证身体其他功能的正常运作。

＊ AB型血的调养食谱

对于四种血型的人来说，AB型血的调养食谱是限制条件最多的一类。他们的身体特点非常像A型血人，肠胃、免疫系统都敏感，而且，血液黏稠度相对较高，因此饮食调养应多注意避免过敏反应以及调和血液浓度。

1 〔豆腐〕Bean curd

豆腐由大豆制成，营养丰富，具有益气和中、清热解毒、通大肠、消胀满的作用，AB型血的人可以适当吃一些。

肉末豆腐

材料	日本豆腐500克，猪肉馅100克，鸡蛋2个，红、黄、绿椒各50克，洋葱60克。	调料	番茄酱、淀粉、面包糠、十三香、老抽、盐、料酒、植物油。

做法

1. 鸡蛋打成蛋液；红、黄、绿椒均去蒂、去子，洗净，同洋葱切成小丁；日本豆腐切成2厘米厚的圆段，并依次裹上淀粉、鸡蛋液和面包糠。

2. 锅置火上，倒入适量植物油烧至六成热时，改中火，放入日本豆腐，炸成金黄色后，捞出沥干油，放到盘中备用。

3. 锅内留底油，烧热后放入猪肉馅，慢慢炒干水分，加入少许十三香和老抽，然后再放红、黄、绿椒丁、洋葱丁翻炒，随后调入番茄酱、盐和料酒，小火拌炒均匀。

4. 将炒好的肉末淋在炸好的日本豆腐上即可。

2 〔芹菜〕Celery

芹菜含有蛋白质、脂肪、糖类、纤维素、维生素、矿物质等营养成分，其中B族维生素、维生素P的含量较多，是预防、治疗高血压、高脂血的绝佳食物，非常适合血液黏稠的AB型血。

芹菜炒香干

材料	豆腐香干300克，芹菜200克。	调料	姜末、蒜蓉、味精、盐、植物油。

做法

1. 香干洗净，切成条；芹菜择洗净，切成段。

2. 锅置火上，倒油烧热，放入姜末、蒜蓉爆香，放入香干炒干水分。

3. 再放芹菜段，与香干炒匀后，加入味精、盐，炒至入味即可。

Part 07
血型与解压，
释放压力的养生攻略

如果一个人压力过大，往往会导致各种疾病，如心脏病、中风、高血压、胃溃疡、神经衰弱等，或者让人养成一些不良习惯，如抽闷烟、暴饮暴食等。这些情况或者致命，或者演变成致命疾病。因此，我们应该学会解压。而血型同样决定着解压方式，不同血型的人，其解压方法也不相同。

■ A型血：
调整减压法

过大的压力会伤害身体或造成细胞损坏，而不同血型对压力的反应不同。A型血的神经系统敏感而灵活，所以他们对压力的反应也比较敏感。

＊ 压力对A型血的危害

压力虽然是一种看不见、摸不着的物质，但它对身体、生活的危害却是有目共睹的。A型血的人具有外表沉静、内心脆弱的特征，因此，压力对他们的危害很大。

压力与A型血关系

压力是生活的产物，表面上它与血型类型无关，但事实上，压力与血型也有着密切的关系。正如身体的健康完全依靠免疫系统的保护，而免疫系统的构成与血型抗原有密切的关系一样，不同的血型抗原，构成了免疫系统不同的特点。压力是如何影响免疫系统的呢？

关于这点，美国心理协会中的Kiecolt-Glaser教授和Ronald-Glaser教授进行了深入的研究，而她们的研究展示了一些令人吃惊的发现。她们曾在20年间分别征集了多名志愿者，这些志愿者由压力大的人和放松的人组成。两位教授分别给压力大的人和相对放松的人注射了同种流感疫苗，一段时间后，通过仪器检测志愿者体内产生的抗体数目。结果发现，只有38%的压力大的人产生了足够的抗体数目，而相对放松的人中，却有66%的人产生了足够的抗体数目。这则试验意味着，压力会影响免疫系统的工作功能，无形中增大了压力大的人感染病毒的风险。因此，人们不要放松对压力的警惕，它也是影响人体健康的一个重要因素。

压力影响A型血的生活

压力会给健康带来隐患，生活中，如果身体长期承受超负荷的压力，无论心理还是身体都会受到严重影响。中医上很早就有"抑郁成疾""气滞血淤、肝气不疏"等说法，这是压力导致的最直接结果。经过医生研究发现，压力过大会导致精神疾病以及心血管类疾病，严重者可能会造成免疫系统紊乱。

A型血的免疫系统本身就比较脆弱，而且血液黏稠度比较高，压力能降低免疫系统功能以及引发心血管类疾病，无疑扩大了A型血身体素质的缺点，增加了他们患各种疾病的危险，如抑郁、亚健康、高血压、糖尿病、冠心病等。

另外，A型血的人面对压力时，身体更容易产生肾上腺素，从而刺激神经，使神经处于过度兴奋的状态。这对身体本来就含有大量肾上腺素的A型血的人来说，几乎成了一场灾难。因为，A型血的体内肾上腺素一再增加，大脑神经就会一直处在兴奋的状态中，这将严重影响A型血的免疫系统和新陈代谢功能。如果长此以往，A型血的人则会表现出食欲下降、容易疲惫、抵抗力下降等症状，而且在情绪上，也容易表现出焦虑、烦躁和易怒等恶劣的情绪。

A**ttention** 警惕压力

生活在现代城市中的人们，每日都面临着不同的压力。压力达到哪种程度就会危害身体健康呢？

脱发。正常人每天会掉40~60根头发，最多不会超过100根。如果你一天所掉的头发超过了这个数量，可能就是压力导致的。

腹痛。大部分时候，大压力的生活会造成腹部疼痛、鸣响等症状，严重的还会引起腹泻。

便秘。压力大时，容易发生便秘的情况，说明压力已经影响身体健康了，如不注意调节，可能引发胃肠道疾病。

失眠。压力直接影响情绪，最容易造成失眠。失眠可轻可重，如果只是短暂的失眠，可以通过自我调节减缓；但如果因为压力长时间失眠，最好还是去看医生，以便缓解症状。

✽ 适合A型血的减压策略

随着现代生活节奏的加快，压力就如同永不停息的时间一样，也成为生活中重要的一部分。对神经敏感而脆弱的A型血来说，当压力来临时，不妨学会放松。

调整心情减压

A型血的人天生喜欢沉静，而且他们很喜欢把事情放在心里，形成了心事重的性格。当A型血的人面临压力时，他们的肾上腺最先接到信息，继而产生大量肾上腺素。体内肾上腺素的增加会触动脑部细胞，很快，A型血的人就会产生焦躁、愤怒或激动的情绪。这些不良情绪信号传达到免疫系统时，A型血的人就会变得非常虚弱。因为他们异常敏感的神经系统会渐渐消耗掉具有保护作用的抗体，而免疫系统则疲于抵抗感染原或细菌，他们的身体保护系统出现了漏洞，细菌就像那些掠夺食物的猛兽一样，迅速入住身体。

因此，缓解A型血的压力，首先要从调节情绪入手。A型血的人可以通过听舒缓的音乐、发呆，或者做具有镇静作用的运动来放松神经，减少肾上腺激素的分泌。生活中，可以通过以下方法调节情绪：

容易因压力引发疾病的人群有哪些

根据调查显示，目前在20～40岁的人最容易感受到压力；从性别上看，女性则明显多于男性。研究者推测，这是因为二十几岁正是刚刚毕业、开始找工作的年龄，因此他们的压力比较大。而中青年虽然有一份工作，但父母的赡养、子女的教育、自身的事业以及周围大环境的一些变化，都容易增加他们的身心压力，从而进入了罹患疾病的危险区域。

❶ 不管情绪如何，每天应该给自己一点时间沉思一下，不管你想什么，都应该给疲惫的心放一个假。

❷ 当情绪不好时，有意识地鼓励自己，可以找一些哲理或名言安慰自己，鼓励自己同痛苦、逆境做斗争。

❸ 如果有不良情绪，可以通过自我暗示来调整心理的紧张，进而缓解不良情绪。

❹ 情绪与环境有关。如果心情不好，不妨整理一下自己的房间，这样不仅转移了视线和注意力，柔和的环境也容易使人产生恬静、舒畅的心情。

❺ 有时不良情绪仅凭自己的调节还不够，还需要借助别人的疏导。因此，当A型血的人有了苦闷，不妨找亲人、朋友诉说一下，以摆脱不良情绪的控制。

总之，当你心情不好的时候，应该想尽办法来控制、排解不适的情绪，千万不要放纵自己。否则，容易引起其他疾病。

良好的饮食习惯

在沉重的压力下，身体更需要充足的营养。因此，释放压力也需要考虑调整饮食计划。

生活中很多常见的食物都具有减压的作用，尤其是水果、蔬菜以及谷物等，这对A型血的人来说，简直是太幸运了。适合A型血的饮食计划，几乎就是一份减压菜单。尽管这样，当A型血的人面临压力时，最好还是调整一下饮食，多吃一些小米、大麦以及坚果类食物。

另外，心情不好的人吃自己喜欢的食物也有助于改善心情。虽然A型血的人不能多吃高动物蛋白的食物，但如果你喜欢吃，心情不好时，也可以偶尔放纵一下自己，吃一些高蛋白食物。

专心工作

由于A型血的人心比较细，很多时候，他们都是被自己过多的想法压得喘不过气来。从这个层面上说，专心工作或许是A型血的人减压的一个好办法。

现代生活中，繁忙的工作已经成为人们压力的重要来源。身为领导，事无巨细，凡事都要把关，心中难免产生疲累感；而普通员工也逃脱不了压力的纠缠，他们的面前每天都堆满了要完成的工作：一会儿销售部要去年的销售报表了；一会儿领导又让去找某个文件了；而自己堆满的文件还没有打印、筛选、分类。天天如此，不知自己要"累"到何年何月才是个尽头，压力怎能不大呢？在工作中，如果想要减少压力，最好做到以下几点：

❶ 事情安排一定要得当。可以把眼前所有的工作都分为重要而及时的、重要而不及时的、不重要的三类，然后最先做重要而及时的，这样余下的时间可以适当放松一下，而不必时时紧绷着神经了。

❷ 可以把手头的工作分为"事务性"和"思考性"两种。一般说来，事务性的工作不用动脑，可以随时随地工作，而思考性工作对环境有一定的要求，因此，必须谨慎地安排思考性工作时间。

❸ 定时完成每日的工作量。工作繁多，可以每日给自己规定一定的工作量，自我要求完成。

❹ 如果是需要长时间完成的工作，最好列好一个进度表，然后根据进度表完成。

不管是以工作转移注意力，还是由于工作而产生压力，做好以上几点，都可以缓解压力。

＊ A型血的解压美食

中医认为，食物是百药之源，不仅能提供人们日常生活所需的营养，而且也是舒解压力的能量来源。尽管食物对减压并不会产生"豁然开朗"的效果，但它能在不知不觉中，让你释放身体压力，使身心轻松起来，不妨一起试试。

1 〔碳水化合物〕Carbohydrate

在众多减压饮食中，碳水化合物是非常重要的部分。它可以通过促进血清素分泌，加快大脑神经传输速度，进而使人头脑冷静、清醒。A型血的人最适合选择碳水化合物中的全谷类食品。因为这类食品中含有丰富的纤维素和B族维生素，除了改善A型血人脆弱的胃肠外，还能避免身体产生乏力感。

人参糯米粥

| 材料 | 人参10克，小芋头50克，糯米150克。 | 调料 | 红糖。 |

做法

1. 人参洗净切片；糯米洗净；小芋头洗净后，放入蒸锅中蒸熟。
2. 将蒸熟的小芋头取出，立刻投入凉水，稍凉后捞出，剥去外皮，压成芋头泥。
3. 将人参、糯米以及适量清水放入锅中，大火烧沸后，改小火煮至粥熟，再加入芋头泥和红糖即可。

菜单分析

此粥具有补益元气、抗疲劳、强心等多种作用，但因其中含有人参，有高血压或发烧症状的人不宜吃。

Attention A型血运动解压细解

在生活中，运动是最简单、最有效的排除压力的方法，根据体内肾上腺素的分泌特点，A型血的人最适合采用舒缓的、具有镇静作用的运动来缓解压力。同时，A型血的人还要注意，运动持续时间最好保持在30分钟左右，最长不要超过1小时。每周保持做3~4次就可以了。

枣仁莲子粥

材料：酸枣仁10克，莲子、枸杞子各20克、大米100克。

调料：冰糖或白糖。

做法

1. 莲子泡发去心，洗净；酸枣仁、枸杞子一起洗干净；大米洗净。
2. 将莲子、酸枣仁、枸杞子、大米以及适量清水一起放入锅中，小火煮熟。
3. 加入冰糖或白糖，搅拌均匀即可。

菜单分析

酸枣仁、枸杞子具有安神、补脑的作用，而莲子能清心火、解肺热，三者搭配可以让头脑清醒。

核桃麦片粥

材料：大米200克、核桃仁50克、燕麦片100克。

调料：植物油、冰糖。

做法

1. 大米淘洗干净，再用清水浸泡1小时左右。
2. 将浸泡好的大米放入高压锅内，加入核桃仁、燕麦片，再加入适量清水，滴几滴植物油，盖好锅盖，大火煮至冒汽后，再转小火煮几分钟。关火，等气压消后，盛出加入冰糖调味即可。

温馨提示：如果不用高压锅，用普通的煮粥锅多煮一些时间，也可以达到粥的效果。

菜单分析

燕麦有通大便的作用，很多老年人大便干燥，容易导致脑血管意外；核桃仁性味甘平、温润，具有补肾养血、润肺定喘、润肠通便的作用。同时核桃仁还是一味乌发养颜、润肤防衰的美容佳品。两者结合食用具有健脑补肾的作用。

2 〔纤维素〕Fiber

压力大容易导致腹痛或便秘，因此，多吃些富含纤维素的食物，能帮助消化系统的运作。生活中常见的富含纤维素的食物除谷物外，还有各种蔬菜和水果。

cooking 菠萝黄鱼

| 材料 | 鲜黄鱼500克，菠萝200克，桂圆、樱桃、苹果各50克，鸡蛋2个（取蛋清）。 | 调料 | 白糖、姜丝、葱丝、料酒、盐、植物油、味精、水淀粉、番茄酱、果汁。 |

做法

1. 黄鱼处理洗净，鱼面用斜刀片开；鸡蛋清、水淀粉调成糊。
2. 桂圆去皮，洗净；菠萝去皮后，洗净，用盐水泡片刻，切成丁，放入白糖水中腌渍；苹果洗净，去皮、去核，切成丁；樱桃洗净。
3. 将葱丝、姜丝、料酒、盐、味精调成葱姜味汁，放鱼腌渍30分钟；将腌好的黄鱼放入鸡蛋淀粉糊中，两面均匀地裹上面糊。
4. 锅置火上，倒油烧热，放入黄鱼炸至成形，然后改小火炸透。
5. 另起一锅，倒入番茄酱略炒，加果汁、白糖、菠萝、桂圆、苹果肉、樱桃烧沸后，放入水淀粉勾芡，淋明油，浇到鱼身上即可。

菜单分析

在这款菜肴中，含有多种水果，纤维素丰富，它们与鱼肉搭配，既补充了蛋白质，又改善了因压力而引起的便秘、腹痛等症状，非常适合A型血的人解压。

cooking 豆苗荸荠

| 材料 | 豌豆苗200克，荸荠500克，胡萝卜50克。 | 调料 | 盐、味精、白糖、植物油。 |

做法

1. 豌豆苗去梗，留嫩叶；荸荠洗净，去皮，切片；胡萝卜洗净，切片。
2. 锅置火上，倒油烧至八成热，放入荸荠、胡萝卜片，翻炒片刻，加入盐、白糖翻炒，再加入豆苗炒1分钟，放入味精即可。

179

B型血：懒人减压法

B型血的人可以称得上是特异的，因为他们具有独特的、善变的特质，所以面对压力，他们表现出与A型血截然不同的特点，他们比A型血的人更加理智。当压力来临时，信号首先传到大脑。因此，B型血的人很会调节生活中常见的压力。

✱ 压力对B型血的危害

虽然B型血的人很会调节生活中的压力，但这并不意味着他们不会被压力伤害。身体是平等的，对任何压力的反应都是相同的。

压力与B型血的关系

血型与承压能力并没有直接的关系，但因为体内所含的肾上腺素不同，对压力的反应也略有差别。在人体内，有一个叫下丘脑垂体的地方，它是体内修补大队的总指挥。当压力来临时，它便会做出反应，立即采取行动分泌激素，从而促进肾上腺素分泌。如果情况紧急，下丘脑垂体分泌的激素还会立即应变，分解身体储存的蛋白质，进而将它转化成碳水化合物应对体力所需。

这一系列的变化发生后，人体血压就会升高，矿物质也会从体内的骨骼中分解出来，脂肪会随着体力的变化燃烧成能量，额外的盐分也产生了，总之身体调动了所有能调动的力量，以配合各种变化，修补身体因压力而产生的漏洞。但是，这种维修工作也有无法到达的地方，当压力积累到一定程度时，身体的免疫系统和应激激素就会发出预警。身体中某些腺体就会分泌有害物质，进而损害大脑或血糖平衡，影响大脑的活力。不过一旦压力减缓，有害物质含量就会减退，大脑又会恢复以往的活力。

压力对B型血的影响

通常身心会互相影响，心理有压力，身体就会做出一系列的反应。一般说来，由压力引起的不良反应主要有持续的疲劳感，记忆及注意力等下降，疼痛，不适增多，局部或浑身紧绷感，食欲不振以及睡眠质量差等表现。

在四种血型中，B型血的人是相对能控制肾上腺素分泌的一群人。因此，他们体内肾上腺素含量比较适中，因压力而产生的烦躁、多动等反应，也较O型血或A型血的人舒缓。但结合B型血本身的免疫特点，容易患呼吸道、皮肤类疾病，压力下的B型血的人也容易引起这些部位的不适。

对B型血的人来说，压力最大的危害就是造成免疫系统紊乱。因为长期的压力会降低血液中的血小板，从而使B型血的人容易受到疾病的困扰。有人曾经做过实验，给注射过肺炎疫苗的人施加极大的压力，一段时间后，研究者发现，肺炎疫苗在长期压力下竟然失去了免疫效果。由此可见，压力对免疫系统会产生一定地影响。

另外，压力过大还会产生一系列皮肤疾病。因为压力大时，影响体内激素的分泌，打破了内分泌的平衡。某些激素在通过皮肤表层释放时，就会引起粉刺、皮疹、皮肤瘙痒、斑点等现象。有些人会有皮肤变红或变白的现象，如果此时不调节，还可能诱发麻疹或牛皮癣，使皮肤状况更加糟糕。

B型血的人皮肤较脆弱，更应注意压力下的皮肤问题。

> **知识链接**
>
> **B型血的释压饮食**
>
> 除了心理调节外，饮食是另外一种常见的释压方法。如果B型血的人感受到了压力，他们应该注意荤素搭配，并应有意识地多吃一些动物蛋白，这对解除疲劳很有好处。另外，B型血的人还应多吃一些奶制品，尤其是酸奶。因为它可以帮助B型血消化，增加体内益生菌，平衡内分泌。

适合B型血的减压策略

或许是由于B型血的饮食计划中包含了各式各样的食物，他们的各项功能格外强健而警觉。因此，他们减压的策略也显得简单而易行。

睡觉减压

当人体遇到压力，首先它会表现出疲累的现象。人们会感觉时间总是不够，每天都在忙碌，却不知道自己忙了些什么；无论是工作，还是在家里，发脾气似乎已经成了家常便饭，而且每天都很困倦，但睡觉时却总觉得休息不好。其实，这是身体发出的"警示"疲劳的信号。

很多人认为，休息就是不做"思考性"的工作。但事实上，休息与睡眠不同，它需要脱离原来的工作环境，例如吃饭时不要在办公桌上吃，可以带便当或餐饭到休息室吃，或者靠近窗的地方吃。吃完饭后，还要留15分钟出来，做与工作无关的事，比如发呆、冥想，或是腹式呼吸，以此来放松自己。

对现代人来讲，睡眠是最好的休息方式。但如何才能有一个高品质的睡眠呢，专家提醒说，睡眠姿势很重要，同时，晚上睡觉最好不要把手放在胸口上，否则会做噩梦。手也不要放在腹部，否则在睡梦中觉得有很大的压力。最好的睡觉姿势是：平躺或侧躺，双手放两旁或放在身体前面，手心朝上。另外，要保证好的睡眠，还要注意，不要等非常累了才去睡，那样反而睡不着。如果你现在已经有这种情况，说明你的肝脏已经受到了损害。

运动减压

在生活中，大多数人都会选择运动作为释压的方式，B型血的人也是如此。但同其他血型相比，B型血体内肾上腺素会同时刺激大脑神经和肌体组织，使B型血的人在思想上和行动上同时对抗压力。因此，运动是B型血的人缓解压力的最佳方法。不过，剧烈的运动和太过舒缓的运动都不适合B型血的人，他们最好采用游泳、散步、瑜伽、太极拳、羽毛球、网球、集体健行、自行车、较温和的武术等有氧运动。

当然，B型血的人也要注意运动强度，最有效的运动规划是一个星期中至少有三天做些稍微激烈的运动，另外两天则做些相对放松的运动。而且每次运动的持续时间最好在60分钟左右。为了让运动对B型血的人的心血管产生最佳效果，还应尽量提高心跳率，最好保持在最大心跳率的70%。因为，在运动过程中，只有心率提高才能起到锻炼作用，而且一旦把心率提高了，就必须继续运动，让这个心率保持三十分钟左右。每个星期至少要重复这个过程三次。

运动时，B型血应注意运动伤害，因为他们多是性急的人，经常会跳过热身运动，直接进入剧烈的锻炼中。这样对身体并不好，尤其是某些稍微剧烈的运动。热身运动主要通过运动将血液带到肌肉，激活肌肉的活力。通常热身运动都包括一些伸展以及弹性动作，以免肌肉或肌腱拉伤。

Attention 规律的生活可减压

每个人的身体内都有一座准确的时钟，被称之为生物钟。人体中肾上腺素的含量会根据生物钟的节奏进行调节。通常，规律的生物钟可以使生理功能更加协调，进而增加人体对压力的抵抗力。如果生物钟被打乱，那么身体中肾上腺素的含量会增加，进而使人产生烦躁、易怒等不良情绪。因此，每个人都要保持规律的生活习惯，以使身体内各种生理系统功能更协调。

冥想减压

B型血的人面临压力，就像他们对食物的吸收一样，处在"敏锐"和"积极"之间，达到一种奇妙的平衡。B型血的人很会调节自己，他们的抗压能力虽然不像O型血那样强，但比A型血更具活力。B型血的人兴趣广泛，尽管他们能很快专注于一件事，但当压力来临时，他们也是最容易丧失目标的一群。所以，专家建议，平时B型血的人应多冥想。冥想是解除所有压力的最好方法，它不仅能降低心跳频率和血压，减缓呼吸，平复脑电波，还能提高身体对紧张事件的反应能力，更快恢复，防止免疫能力的下降。据统计，每天冥想十分钟的人对压力感受程度比不冥想的人低70%。

冥想与集中精神不同，只需专注地去对某一个问题进行思考。你可以想自己所具备的某一美德，例如仁慈或是耐心；你也可以想你和这个世界的其他所有事物都是有联系的。这种冥思技巧就是让你聚精会神地想着一个话题，目的是让你的身体有个良性的改变，让你的思想朝着乐观的方向发展。当B型血的人深感无力时，不妨放下身边的琐事，闭上双眼，平稳地呼吸，好好想想自己为什么焦虑。有时候，深呼吸是恢复平稳最快的一种方法。因为这种方式能让你的身体吸入更多的氧气，从而旺盛精力。正在郁闷的B型血的人，从现在开始，不妨每天冥想10分钟。

喝茶可让B型血人减压

压力大的B型血人应多喝茶，尤其是多喝绿茶或红茶。因为这两种茶中含有丰富的茶多酚和维生素，有助于体内毒素的排除。其中绿茶中含有一定的咖啡因，和茶多酚并存时，能制止咖啡因在胃部产生的不良作用，避免刺激胃酸的分泌，使咖啡因的弊端不在体内发挥，但却能促进中枢神经、心脏与肝脏的功能。另外，由于绿茶具有抗氧化作用，以电脑办公的现代达人不妨多饮用一些，以防辐射。红茶可以帮助胃肠消化、促进食欲，可利尿、消除水肿，并强壮心脏功能。

知识链接

B型血的人应多吃绿豆

绿豆性寒，味甘，具有解毒的作用。多喝绿豆汤或绿豆粥，还具有缓解精神紧张的作用，因此，经常接触有害物质，且容易精神紧张的B型血的人应多喝绿豆汤，吃绿豆芽等绿豆食品。

B型血的解压美食

B型血的人自身有很好的调压能力，他们知道哪种压力对自己有利，哪种压力需要外界环境的调节。因此，B型血的人只要平常多吃一些调压食品，他们的生活定然是快乐、轻松的。

1 〔乳制品〕Dairy product

在种类繁多的食品中，乳制品也是生活中不可缺少的一种减压食品。虽然乳制品中所含的血凝素并不适合所有血型，但别忘记，B型血的人可是自由享受乳制品的一族！

牛奶羊肉羹

材料	羊肉300克，鲜牛奶250毫升，山药100克。	调料	生姜。

做法

1. 羊肉洗净后，切成小块；生姜洗净，切成片；山药去皮，洗净，切成片。
2. 沙锅洗净后，放入羊肉块、生姜片和适量清水，放置火上，用小火炖7～8小时后，捞出羊肉块，撇去浮沫，留羊肉清汤。
3. 在羊肉汤中加入山药片，小火煮至山药片熟烂，再倒入牛奶，烧沸即可。

菜单分析

羊肉、山药和牛奶搭配，具有温中补虚、益精补气的作用，非常适合因压力大而产生的虚弱、心烦、没力气等症状。

2 〔水果〕Fruit

水果中含有多种丰富的营养，如矿物质、维生素、纤维素以及胆碱等，再加上松脆的口感，它们太有理由让你快乐起来了。

菠萝炒牛肉

| 材料 | 嫩牛肉300克，菠萝200克。 | 调料 | 盐、白糖、料酒、鸡精、酱油、植物油、生姜粉、淀粉、花椒粉。 |

做法

1. 菠萝去皮后切开，去掉硬心，切成小块，放入淡盐水中，浸泡片刻。
2. 嫩牛肉洗净，横切成片，加入植物油、白糖、生姜粉、淀粉、花椒粉、料酒腌渍15分钟左右。
3. 锅置火上，倒入适量油烧热，放入腌好的牛肉片，快速滑散，加入少许酱油调色，再放入菠萝块，调入盐、白糖、鸡精，快速翻炒几下即可。

菜单分析

牛肉中含有丰富的肌氨酸，它与含有有机酸的菠萝搭配，对肌肉的增长以及力量的增强特别有效，能驱走身体上因压力而产生的疲累。

羊肉苹果煲

| 材料 | 青苹果、羊肉各300克，荸荠150克，大米100克。 | 调料 | 陈皮、五香粉、葱白、盐。 |

做法

1. 青苹果、荸荠洗净，去皮，切块；羊肉洗净，切丝；大米洗净备用。
2. 沙锅置火上倒入水，放入苹果块、荸荠块、陈皮和五香粉煮沸，去渣取汁，加入羊肉丝、大米、葱白煮成粥，加盐调味即可。

菜单分析

羊肉具有温补作用，它与具有安神作用的苹果搭配，对腰酸、下肢软弱无力的症状有良好的治疗效果。

3 〔玉米〕Maize

玉米是一种非常好的减压食物，含有丰富的碳水化合物。虽然B型血的人不适合吃玉米面做的食物，但把青嫩玉米作为一种菜蔬却是非常适合B型血的食品。

三色玉米

| 材料 | 嫩玉米粒200克，豌豆、水发香菇、胡萝卜各50克。 | 调料 | 高汤、香油、植物油、盐、白糖、水淀粉。 |

做法

1. 胡萝卜洗净后，切成丁；水发香菇去蒂，洗净，切成丁；豌豆、玉米粒洗净，与胡萝卜丁一起用沸水焯烫3分钟后，捞出过凉。

2. 锅置火上，倒入大量油烧至六成热，将香菇丁、玉米粒、豌豆、胡萝卜丁一起放入锅中，炸几秒钟后盛出。

3. 锅内留少许油，倒入香菇丁、玉米、豌豆、胡萝卜丁、高汤翻炒，加盐、白糖炒匀，加水淀粉勾芡，淋少许香油，盛出即可。

菜单分析

三色玉米颜色鲜艳，有利于增强食欲，对减缓压力也很有帮助。

玉米鱼片

| 材料 | 鱼肉150克，玉米粒100克，红、黄椒各50克，鸡蛋2个（取蛋清），干桂花适量。 | 调料 | 植物油、盐、姜丝、葱花、香菜末、料酒、水淀粉、淀粉、香油。 |

做法

1. 鱼肉洗净，片成片，加蛋清、姜丝、料酒、盐、淀粉腌渍；红、黄椒洗净，去蒂、去子，切成丁；玉米粒洗净，放入沸水中焯烫后捞出。

2. 水淀粉中加适量盐、香油调成薄芡；在腌好的鱼片中倒入少许油，搅拌均匀。

3. 锅置火上，倒油烧至四成热，轻轻放入鱼片，滑熟后捞出。

4. 锅内留底油，放入姜丝、葱花爆香，加红、黄椒和水，再放入熟鱼片、玉米粒翻炒，倒入薄芡，炒匀后撒上干桂花、香菜末即可。

O型血：狂热减压法

O型血的人释放压力的方式，与A型血和B型血完全不同，他们体内含有更多的"疯狂"因子。因此，他们往往选择剧烈运动作为自己释放压力的方式。

✻ 压力对O型血的危害

压力对任何身体都是公平的，无论是富贵，还是贫穷，当它来临时，都会产生不快、沮丧的情绪。但由于身体构造不同，不同血型对压力的反应也不同。

压力与O型血的关系

O型血的人适合吃高蛋白食物，他们肌肉的功能相对A型血的人或B型血的人更具有爆发力、灵敏性。因此，当他们面临压力时，身体表现出与A型血的人完全不同的反应。通常A型血的人多吃植物性食物，神经的灵敏性高于肌肉，他们面临压力，神经反射更快，因此A型血的人往往会表现出焦虑、烦躁等情绪。

O型血的人与A型血的人相反，他们肌肉的灵敏度高于神经，所以面对压力时，往往是身体先做出反应，然后才产生不良情绪。

O型血的人究竟如何先用身体反应呢？

众所周知，压力与肾上腺素的分泌密不可分。当O型血的人面临压力时，体内肾上腺素含量会迅速增加，这与A型血和B型血的人一样。然而，此后的反应却不同。O型血的肾上腺素增加后，不像A型血的人那样，先影响神经系统，而是很快渗透到血液中，并通过血液输送给人体各个组织，从而产生受到刺激后的紧张状态，进而才会影响O型血的人的情绪。

O型血的减压饮食

对O型血的人来说，他们最好的减压饮食是高蛋白食物，而且他们应该细嚼慢咽，以减轻胃肠的负担，促进消化吸收。另外，O型血的人还应天天吃蔬菜、水果，尤其是压力大时。因为蔬菜、水果中含有微量元素，能帮助O型血的人改善情绪。

如果O型血的人在压力面前表现出不良情绪，说明O型血的人的机体已经进入了自我保护的危险时段。此时他们的免疫系统薄弱，细菌很容易攻破。因此，O型血的人需要通过剧烈的运动才能缓解身体的压力。另外，由于平日O型血的人肾上腺素含量较少，他们需要比其他三种血型花费更多的时间，才能消除压力影响。

压力对O型血的影响

虽然O型血的人身体素质较强，但压力对他们的影响也很大。如果O型血因压力造成的身体紧张得不到及时地放松，就会产生免疫系统功能失调的情况，进而新陈代谢也会变慢，引发沮丧、疲乏、烦躁、失眠等多种症状。如果此时还无法缓解压力，他们最终会被压力所击垮，并对身心造成严重的危害。

除此之外，近来研究还指出，在强大的压力下，O型血的女性受到的危害比男性更重。因为重压下，女性更多地通过吸烟、喝咖啡、焦虑、生气、失眠等来释放自己，这容易导致不孕以及其他严重的妇科疾病。有时重压还会让女性下意识地将情绪转移到食物上，这让她们的神经功能受到极大地挑战，最终可能演变成神经性厌食，出现骨骼变细、脱发，甚至不育等症状。

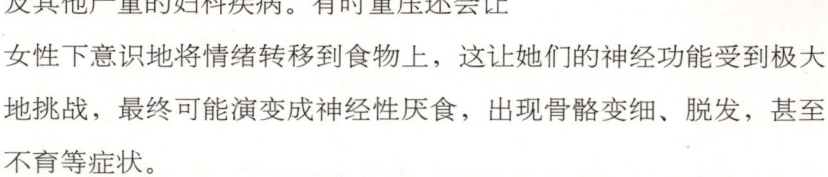

知识链接

压力大时可适量饮些红酒

酒精对人体各器官危害极大，一般情况下，并不适合饮用。但压力大时，适量饮酒是可以的，尤其是适量的红酒，对心血管系统有很大帮助。一方面适量的酒有助于血液流通，帮助睡眠。另一方面，温暖的酒可以给压力大的人一丝安慰。值得注意的是，不要借酒浇愁，否则会加重压力。

✳ 适合O型血的减压策略

鉴于O型血体内肾上腺素首先影响机体各组织的特点，O型血的减压策略也与其他血型略有不同。他们更适合先从身体功能入手的减压方法。

暴力减压

看到"暴力减压"这个名称时，相信很多人都会为之一惊，不禁问道："不是想让我们通过打别人来缓解自己的压力吧。"这里的"暴力"只针对特别事物，如生活中常见的小皮球、网球、塑料盘子以及其他柔软的可以经受你蹂躏的物品。随身携带它们，郁闷时，偷偷地捏一捏，或者找一个没人的地方，摔一摔塑料盘子，这显然要比在办公室掐同事的脖子，或者歇斯底里地撕废纸、捶桌子，或者一天都拉着脸不高兴要好得多。

在欧洲，已经出现了很多以"暴力"形式存在的"减压店铺"。客人可以在减压餐馆里任意掀翻桌子、敲打椅子，而别人不会上前劝解；也可以在"减压馆"中找寻各式各样的玩偶，拳打脚踢，来发泄心中的郁闷；还可以找个可以任意吼叫的地方，比如赛马场、足球比赛场地等，来缓解因工作、生活压力带来的各种不适。

其实，暴力减压是压力宣泄的一种方法。它是将内心的压力排泄出去，以促使身心免受打击和破坏的方法，这种方法尤其适合O型血的人。因为，O型血面临压力时，首先会表现在肌肉紧张上，这种不损害他人的"暴力减压"法有助于放松他们肌肉。

音乐减压

音乐具有神奇的作用，它能调节人的情绪，使人们跟随着音

知识链接

O型血可倾诉减压

人们常说"一个人的痛苦由两个人分担，每个人就只有半份痛苦。"所以性格开朗、乐观的O型血的人，可以通过向亲朋好友诉说来缓解压力。即使他们无法帮你解决问题，但是他们的同情或安慰，却可以让你的心情稍微舒畅一些。于是，你的烦恼似乎也只有一半了。

乐的节奏或激昂或平静。关于这点，很多人都有体会，但如果告诉你，音乐可以减轻压力、治疗疾病、帮助减肥，你或许会不信吧。

根据马里兰大学研究发现，让病人，尤其是患心血管类疾病的病人听他们喜欢的音乐，他们的血管直径居然扩张了26%。虽然这种效果只在血管内持续几秒钟，但这种好处却会一直累积，这对有压力的人非常有益。

通常压力大时，身体的肾上腺素分泌会增加，这必然会影响新陈代谢的速度，如果此时听听自己喜欢的音乐，使血管扩张，增加血液循环，会对身体起到良好的舒缓作用。即使此时听非常悲伤的音乐也没关系，因为音乐中悲伤的情绪会带走你的郁闷，让你真正平静下来。音乐减压的方法适合所有的血型，并不是O型血的专有方法。之所以将音乐减压放在O型血的减压策略中，是因为音乐对血液、血管的作用，与O型血压力大时肾上腺素的运作方法相同。

剧烈运动减压

对O型血的人来说，他们最适合高强度的剧烈运动，因为他们的身体里有原始的狩猎者的基因，造就了一副能瞬间爆发的体质。其他血型的人之所以不能适合大运动量的剧烈运动，是因为他们会因运动产生大量酸性物质，影响其免疫系统的功能。然而，O型血的人并不怕，因为高度消耗体力，使得肌肉组织呈现的酸性，正是原始狩猎者得以成功存活的理由。

Attention 不可取的"暴力减压"法

"暴力减压"虽然命名为暴力，实际上并不暴力。捏网球、摔塑料盘子、打玩偶都是以不损害他人利益为前提的。而打砸日用品，对家人吼叫，迁怒于人，找替罪羊，或发牢骚、说怪话等并不在"暴力减压"的范围中，也都是不可取的宣泄方法。为了生活的幸福，压力大时，更应注意避免这些伤害周围人的做法。

191

知识链接

运动前为何要做热身

热身运动包括拉伸、活动各关节等运动，对预防运动伤害非常有益。通常，在进行剧烈运动前做热身运动，可以活跃血液，将血液输送到肌肉组织中，为更剧烈的运动做好准备。另外，热身运动后，体温会适当增高，这有益于身体各器官的协调，为真正的运动奠定了基础。

所以高强度的运动，不仅是O型血的人尽快摆脱身体紧张状态、消除压力的主要措施，也是其增强免疫系统功能和新陈代谢的有效方法。

尽管如此，O型血的人在做运动时，还应注意以下几方面：

① 剧烈运动对身体有强度要求，因此必须做热身运动。

② 做剧烈运动时，最好遵循热身运动、有氧运动以及放松运动三步走的运动方式。

③ 在运动时，必须达到一定的强度。最好使心率达到最大心率的70%，并且坚持此强度的运动30分钟。

④ 每周重复三次剧烈运动即可。

✱ O型血的解压美食

O型血的人具有强大的消化能力和免疫能力，当他们面临压力时，需要通过剧烈的运动才能达到缓解压力的效果。当然，剧烈运动后，也应补充O型血人最喜欢的蛋白质食物。

1 〔蛋白质〕Protein

蛋白质是运动后必不可少的物质，对具有狩猎者基因的O型血的人来说更是如此。

枸杞羊脑

| 材料 | 羊脑200克，枸杞子30克。 | 调料 | 葱末、姜末、料酒、盐。 |

做法

1. 羊脑、枸杞子洗净，放瓷碗中，加葱末、姜末、料酒、盐调味。

2. 蒸锅置火上，加入适量清水，烧沸后，放入瓷碗蒸20分钟左右，待羊脑状似"豆腐脑"后，即可取出。

🍲 菜单分析

羊脑具有补脑、调养躯体疲劳的作用，很适合O型血运动后食用。

2 〔蔬菜〕Vegetables

虽然O型血的人适合富含动物蛋白的食物，但为了平衡营养，他们也应适当进食一些有益的蔬菜。

cooking 荠菜鲈鱼羹

| 材料 | 鲈鱼200克，荠菜150克，冬笋100克，水发香菇50克。 | 调料 | 淀粉、料酒、水淀粉、植物油、盐、味精。 |

做法

1. 荠菜洗净，切碎；鲈鱼处理洗净，切成片，加料酒、盐、淀粉腌渍15分钟；冬笋用沸水焯后切成丁；水发香菇去蒂，洗净切成丁。
2. 锅置火上，倒入少许油，放入荠菜稍微煸炒，盛入碗内备用。
3. 汤锅置火上，倒入适量清水烧沸，放入香菇丁，加入拌好的鱼片，轻轻搅开，再加煸好的荠菜末、冬笋丁；汤沸后用水淀粉勾薄芡粉，加少许盐、味精即可。

🍲 菜单分析

荠菜是一种很健康的蔬菜，含有丰富的粗纤维、维生素和微量元素，具有降压、凉血、调节肠胃的功效。它与鲈鱼搭配，有助于人体的新陈代谢。

cooking 萝卜豆腐汤

| 材料 | 白萝卜400克，豆腐200克。 | 调料 | 植物油、盐、味精、香菜末、葱末。 |

做法

1. 萝卜洗净，去皮切丝，焯水片刻，捞出过凉；豆腐洗净，切条。
2. 锅置火上，倒油烧热，放葱末爆香，加水，放萝卜丝、豆腐条。
3. 待萝卜熟透，加盐、味精小火炖入味，撒香菜末即可。

AB型血：悠闲减压法

AB型血的体内既含有A型血的特征，也含有B型血的特征，因此在饮食上，或在身体上反映出或A或B的特征。但当面临压力时，他们却表现出与A型血和B型血截然不同的特点。AB型血的人面对压力，更像O型血的人。

＊ 压力对AB型血的危害

在现代快节奏的生活中，压力已经成为一种长期持续的存在。它对人们的神经系统反应，使得身体长期处于一种紧张的状态，从而对人体产生十分严重的危害。

压力与AB型血的关系

人们对压力的反应，与体内肾上腺素含量的多少有密切的关系。一般说来，人们面对压力时，肾上腺素的含量会增加，并对大脑神经或机体组织产生刺激，继而激发焦虑、烦躁情绪的产生。在AB型血的体内，肾上腺素的"传奇"也在每日上演着。

AB型血人体内的肾上腺素含量，与A型血的人有很大的相似度，都比较高。因此，当他们面临压力时，肾上腺分泌的肾上腺素会很快渗透到血液中，并通过血液输送到各个人体组织。身体在接收到肾上腺素的信号后，就会产生紧张的状态。如果这种紧张状态得不到及时地缓解，AB型血的神经系统也会变得非常敏感，会进一步加重负面情绪。

或许是由于血清中不含有任何抗体的AB型血，与血液中不含任何抗原的O型血中含有某种相同的物质，他们才在面对压力时，表现出如此惊人的相似。当然，AB型血的人还因其独特的血液特点，表现出与众不同的一面来——他们体内肾上腺素含量较高，而且他们需要较长的时间才能消除压力的影响。这点与O型血的人非常相似。

压力对AB型血的影响

AB型血的人对压力的承受能力,并不像积极的O型血,也不像平衡的B型血,他们具有自己独有的特征。压力给AB型血人的影响,深刻而痛苦。如果让AB型血的人长期处于紧张状态中,那么压力就会从血液传到血管,使他们患上心血管类疾病,或各式各样的癌症。

另外,AB型血的人不太能应付连续不断地挑战,如果生活、工作中挑战过多,他们就会常常感到精神紧张或失眠,而且大脑也无法正常运转,最终会出现头痛、记忆力下降等不良反应。

Attention AB型血减压妙招

有压力时,除了吃丰富的早餐、不要节食外,还要注意控制自己的情绪,时时保持愉快的心情。不要借"烟酒浇愁",因为用烟酒浇愁后,愁更愁。只有从心理、生理上都正确地认识压力,并采取有效地减压办法,才会快速、有效地解决问题。

✻ 适合AB型血的减压策略

虽然AB型血的人在面对压力时,与O型血的人非常相像,但他们解除压力的策略却与O型血的人有很大的不同。AB型血的人更多地结合了A型血和B型血减压的策略,具有舒缓和协调的双重特征。

晒太阳减压

光线与减压看起来似乎风马牛不相及,然而事实上,它们之间却有着非常密切的关系。研究发现,人们的精神状态与接受的光照息息相关。在人体大脑中,有一个叫松果体的地方,在两眉中间靠上的内部,道家常称之为"天眼"。它能产生一种叫褪黑素的物质,具有调节睡眠的作用。褪黑素的分泌是有昼夜规律的,一般说来,夜幕降临后,阳光刺激减弱,褪黑素的分泌就会增强,人就容易产生疲累、困倦感;相反,太阳升起来,光的刺激加强,体内褪黑素的分泌就会明显下降,人也比较有精神。

褪黑素细解

在一天中，褪黑素分泌水平最高的时间在凌晨2~3点，因此，此时人们睡得最香。在人的一生中，褪黑素的分泌并不是一成不变的。随着年龄的增长，松果体会萎缩、钙化，褪黑素的分泌则会明显下降，从而造成生物钟的节律性减弱或消失。35岁后，身体褪黑素分泌以平均每年降低1%~1.5%的速度减少，这是人类脑衰老的重要标志之一。

根据褪黑素的这个习性，AB型血的人可以通过多晒太阳来减轻心情的不适。一方面灿烂的太阳容易让人想起希望，使人潜意识中忘记生活中的不快；另一方面，褪黑素分泌的减少可以促进体内其他激素的分泌，进而使心情、机体活跃。

写日记减压

压力、烦恼虽来自生活，但对压力的反应却来自内心。因此，心理专家建议把烦恼写出来。AB型血的人性格沉静，身体不适合做剧烈运动，写日记是他们最适合的减压方法。研究者曾就写日记释压的效果做过一项调查，他们分为两组人员，一组人员专写压力和烦恼，而另一组则写日常浅显的话题。一个月后，研究人员发现，前一组的人员心态更加积极，面对困难时也更加乐观，所患病症也少。

由此可知，写作是一种非常简单有效的减压方法，只要一张纸、一支笔就可以实行，而内容也可以记录白天所经受的压力体验，或者生理、心理上的一切烦恼。AB型血的人压力大时，不妨试试。

AB型血压力大时注意

由于AB型血的人紧张时，胃酸的分泌会受到抑制，此时最好不要立即吃东西，不利于消化。另外，AB型血的人还应避免淀粉和蛋白质同食。这两种物质同食，会减缓新陈代谢，不利于消化，也不利于压力的释放。

睡眠减压

　　AB型血的人与B型血的人有些相似，他们都是爱睡觉的人。通常B型血的人会随遇而安，走到哪里都会安然地睡着；而AB型血的人则会有时间就睡觉，因此，这两种血型都可以通过睡眠来减缓压力。睡眠是拥有旺盛精力的重要保证，为此，专家提醒AB型血的人，遵从以下小贴士，能增加睡眠质量。

　　❶ 在床头上放一个记事本或录音机。这方便你在床上想事情时记录，不用担心第二天醒来会忘记，从而影响睡眠。

　　❷ 睡前不要吃脂肪高、辛辣的食物。因为这些食物会刺激你的胃，让你不能好好地休息。

　　❸ 睡前可以吃一些小点心，或金枪鱼、火鸡肉、香蕉、热牛奶等食物。这些食物都具有安神作用，而且不至于让你因饥饿而惊醒，能让你睡得更好。

　　❹ 如果外界有噪声让你难以入眠，不如人为制造出一些"噪声"，盖过讨厌的声音。比如让mp3或电视机一直小声开着。

知识链接

AB型血的人运动减压

　　AB型血的人也可以通过运动来解除压力，但剧烈的运动并不适合他们。相反，剧烈的运动只会更快地耗尽AB型血的能量，使他们更加疲惫和紧张，更容易受到细菌、病毒的侵袭。稍微剧烈的或者轻缓的运动更加适合AB型血的人，如跑步、太极拳、瑜伽、步行、游泳和骑自行车等。这些运动不仅可以使AB型血的人更活跃，帮助他们摆脱心理的紧张状态，而且还使他们保持足够的能量抵抗压力。

＊ AB型血的解压美食

AB型血的人从饮食角度而言更像A型血人，他们的胃肠也是敏感而脆弱，因此，压力大时，应试着吃下面这些菜，它们或许会让你的心情好起来。

1 〔水果〕Fruit

事实上，食物并不能减压。食物所能做的，只是尽量减少压力对身体的伤害。AB型血的人应该像A型血的人一样，多吃些水果、蔬菜，这些物质会帮助他们增强免疫力，减少压力对身体的破坏。

苹果炖鱼

材料	苹果300克，草鱼1000克，猪瘦肉100克，红枣50克，高汤适量。	调料	植物油、盐、味精、生姜、料酒。

做法

1. 苹果去皮、去核，切成瓣，用清水浸泡；猪瘦肉洗净后，切成片；草鱼去鳞、去内脏，洗净，砍成块；红枣洗净；姜去皮，切片。

2. 锅置火上，倒入适量油，放入姜片、鱼块，用小火煎至两面稍黄后，倒入少许料酒，加入猪瘦肉片、红枣，注入高汤，改中火炖。

3. 待肉要熟时，再放入苹果块，调入盐、味精，炖至汤白时，即可出锅。

菜单分析

苹果与鱼肉搭配，具有补心养气、补肾益肝的效用，对体虚或睡眠不足有明显的改善作用。

压力大时要控盐

很多人压力大时，都觉得口淡，在制作菜肴时，不由得就增加了盐的调味。殊不知，过量盐的调入不但不会减少口淡的情况，反而还会增加压力。因为过量的盐分会导致血压上升，消耗肾上腺素，从而影响情绪。因此，制作菜肴时，应减少食盐的使用，尤其是压力大时。除了制作菜肴时少放盐外，同时也应尽量避免摄取含盐量高的腌制食物，如培根、火腿以及其他腌制食物等。

猪肉苹果煲

| 材料 | 苹果 500 克，带皮猪肉 200 克，花生仁 50 克，红枣 10 克。 | 调料 | 冰糖。 |

做法

1. 苹果洗净后，去核，切成小块；猪肉洗净，去除皮上猪毛；花生仁、红枣洗净。

2. 汤锅置火上，倒入适量清水，加入苹果块、花生仁、红枣煮沸，再加入猪肉一起煲1小时左右，出锅时加入少许冰糖即可。（如果不喜欢太甜，不放冰糖也可）

菜单分析

猪皮中含有丰富的胶原蛋白，具有改善皮肤的作用，它与苹果、花生仁搭配，具有清心润肺的功效，能给你带来好心情。

2 〔蛋白质〕Protein

虽然AB型血的胃肠比较敏感，不适合高蛋白食物，但为了缓解压力，增加体内能量，日常应适当补充蛋白质的摄入。

黄芪鸡

| 材料 | 黄芪 15 克，肉桂 5 克，鸡肉 500 克。 | 调料 | 盐。 |

做法

1. 将黄芪、肉桂冲洗干净，用纱布包好；鸡肉洗净，切块。

2. 沙锅中倒入适量清水，放置火上，加入鸡肉块、黄芪肉桂包，用小火炖熟，调入少许盐即可。

菜单分析

这则菜谱带有药膳功能，可以有效提高身体素质，减少因压力而带来的不爱动的心情或郁闷的情绪。

鳗鱼山药粥

| 材料 | 鳗鱼 500 克，山药、大米各 50 克。 | 调料 | 料酒、姜丝、葱丝、盐。 |

做法

1. 鳗鱼收拾干净后，去除鱼骨，切片放入碗中，加入料酒、姜丝、葱丝、盐腌渍 30 分钟；山药去皮，用清洗干净，切成片；大米淘洗干净。

2. 将腌好的鳗鱼片，与山药片、大米和适量清水一起放入锅中，小火煮熟即可。

菜单分析

鳗鱼、山药搭配，可以补气血、强筋壮骨，具有消除疲劳的作用。

3 〔乳制品〕Dairy

乳制品中的牛奶，具有生津止渴、滋润胃肠的作用，很适合 AB 型血的人缓解压力。

牛奶大枣汤

| 材料 | 鲜牛奶 500 毫升，红枣 50 克，大米 100 克。 | 调料 | 红糖。 |

做法

1. 红枣泡洗干净，去核；大米淘洗干净，浸泡片刻。

2. 将大米、红枣与适量清水一起放入锅中，煮成粥，然后倒入牛奶烧沸，加红糖烧化即可。

菜单分析

此菜可补气血、强健脾胃，特别适合因过于劳累而引起的体虚、气血不足等症状。

压力与血型并没有直接的关系，但它们之间却因免疫系统而联系在一起。血型中抗原是免疫系统的重要构成部分，而压力会使免疫系统更低效。实际上，压力是通过让机体自身释放炎症细胞因子，来引起机体自身免疫反应，降低免疫系统功能的。

炎症细胞因子本是自身为抵抗感染而产生的初始免疫因素，它长时间地存在于身体内，会对身体产生不良影响。比如它会妨碍机体对抗感染和治疗伤口的能力，进而引发机体炎症。长期下去，它还会增加患心脏病、骨质疏松症、糖尿病和自身免疫性疾病的风险。如果一个人长期处于压力之下，还可能提高人体患过敏症的危险。

A型血的人免疫系统比较脆弱，长期处于压力之下，肾上腺素分泌会增加，从而使神经处于过度兴奋的状态，增加他们患各种疾病的危险。因此，A型血的人更适合通过调节心情、良好的饮食习惯，以及专心地工作来减缓压力。当然，运动也是他们减轻压力的方式，但鉴于他们的身体特点，最好选择舒缓的、具有镇静作用的运动，如瑜伽、太极等。

B型血的人饮食摄取范围比较平衡，他们的身体功能格外强健而警觉。因此，他们减压的策略也显得简单而易行，良好的睡眠、静静的冥想和平和的运动是他们最好的减压方式。

O型血的人遗传了老祖宗"狩猎者"的基因，具有爆发力、弹跳力强的特点。当他们遇到压力时，通常机体先于大脑反应，因此适合用剧烈的运动、"暴力"方式或自己喜欢的音乐来减缓压力的危害。

AB型血的人沉静而敏感，具有不同的血型特征，因此，他们的减压策略也结合了A型血和B型血的特征，具有舒缓、镇静同时协调、平衡身体的双重特点，适合通过晒太阳、睡眠、写日记或平和的运动来发泄内心的烦躁。

血型VS解压

养生课堂

Health class

Part 08
血型与运动，生命养生的保障

大量研究表明，人的运动特长与血型有着很大的关系，血型决定运动。如A型血的人适合做一些静态的运动；而B型血的人适合做有规律的运动；AB型血的人可以做一些有氧运动；O型血的人喜欢做一些剧烈的运动。人们常说生命在于运动，而根据血型做运动，更是对生命的保障。

■ A型血：
镇静练习促健康

A型血的人是特殊的，他们在身体上沿袭了老祖宗"耕耘者"的特点，灵活且耐性较好，很容易掌握技术性的运动。另外，他们身体中肾上腺素含量相对较高，因此，比较适合能使自己镇定的技巧运动的练习。

✳ A型血运动漫谈

无论任何血型，运动都是人们生活中必不可少的一部分。而对于任何一种血型来说，选择适合自己的运动都是特殊的。他们的体质以及生理特点决定了适合他们的运动。

A型血的体质

20世纪时，人们在给运动员体检时，一次偶然的血型统计，发现了一个惊人的秘密：不同血型的人，在不同的运动领域表现出了截然不同的天赋。从此，人们开始关注血型与运动的关系。也是在那时，人们发现A型血的人身体灵巧，忍耐力很强，掌握运动技术较快，在技术和耐力要求较高的运动中，比较容易做出成绩。当然，生活中A型血的人并不想在运动方面做出成绩，也并不想象运动员一样每日做大量的运动。更多的A型血人，只是想在家中，做适合自己的轻微的运动，提高一些抵抗力，释放一下压力。但无论是A型血的运动员，还是只是一名普通的A型血上班族，他们由同一个祖先"耕耘者"遗留下的身体灵巧、忍耐力强的体质不会改变，因此，在运动的选择上，也具有一定的一致性。

运动生理特点

当然，生活中一般的锻炼与专业运动员的运动并不一样。专业的运动员希望在自己的领域做出的成绩，从而实现自己的价值，所以，在训练过程中，运动员需要克服身体的限制，有时候甚至以某种伤害为代价来换取运动技能上的突破。而普通的养生者更多的是想通过适量的运动提高自身体质，而且要尽量避免伤害。于是，同样是A型血的人，运动员与普通的上班族在运动方式的选择、运动强度，以及运动量上都有了鲜明的差别。

另外，A型血的肾上腺素含量也影响着A型血养生者对运动的选择。通常，A型血的人肾上腺素含量较高。当A型血的人情绪变化时，它就会触动脑部的细胞，进而产生激动、焦躁、愤怒等情感。当然，这些情感中不良情绪会占大部分，这对具有脆弱神经的A型血的人来说，无疑是辜负了他们对运动带来快乐、轻松的期望。

所以，对于A型血的养生者来说，那些具有镇定、集中精神效果的运动，才最适合他们。

A型血运动须知

运动是改善身体健康情况，提高身体免疫力的主要方法。据调查显示，经常运动的人比不经常运动的人患心血管类疾病的概率低很多。如经常运动的人患心脏病的概率，比不经常运动的人低20%；而患脑中风的概率要低12%～23%。因为A型血的人血液比较黏稠，容易患心血管类疾病，所以更要多做运动。

✱ A型血运动解码注意

人体本身就是一个千年未解之谜，它的各项功能自然而又神秘，从而引得医生、专家纷纷研究、解密。运动对身体也是如此，它在锻炼身体功能的同时，却又有许多意想不到的伤害。因此，它的解码也需要注意。

A型血养生不做剧烈运动

养生讲究平和、顺从自然，而剧烈运动是在一定时间内，快速消耗体能，从而带给感官上的"舒服"感。现代人每日坐在办公室缺乏运动，因此一旦有时间运动，便认为只有剧烈的运动才能消化长期积聚下来的能量，才能达到"爽"的境界。

其实，这种观点完全违背了养生的观点。一般养生要求人在最自然的情况下，让身体功能达到一种最平衡的状态，它并不提倡通过极限的消耗，突破身体限制。对于A型血的人来说，这点极为重要。因为A型血的饮食主要以植物性食物为主，他们肌肉、体能的爆发力并不像其他血型那么强。而剧烈的运动会迅速消耗掉A型血的能量，刺激分泌更多的肾上腺素，使A型血的身体更加疲惫和紧张，反而失去了养生、调理的意义。

A型血适合的运动

从A型血的体质，以及他们体内肾上腺素含量来看，他们比较适合那些不太剧烈的、节奏相对缓慢的，而且具有一定技巧的运动。当然，能够产生镇定与集中效果的运动，并不表示你不能痛快地流汗，使身心得到放松。其实，运动真正让你舒服的并不是挑战大量的身体极限，而是在于做运动时的心智活动。一场舒缓的、有技巧要求的瑜伽同样能让你感到"爽"。A型血的人可以选择瑜伽、太极拳、游泳、武术、高尔夫球等运动。

太极拳和瑜伽都是一种看似舒缓，但却对身体大有益处的运动。太极拳要求身心合一，感受自然；而瑜伽也有同种功效。瑜伽起于放松，也收于放松，这使得A型血上班族常紧绷的肌肉得到一定的放松，经常练习，会让身体更舒服、更健康。

Attention A型血练太极拳的好处

太极拳的动作看似缓慢而无意，但实际上要求非常有力道。这种锻炼方式能让A型血的人集中精神，同时运动量和强度又不是很大，很适合A型血对运动的要求。经常练习太极拳，能让A型血的人放松身心，锻炼耐性，而且还会提高身体动作的弹性。

适合A型血的运动一览表

运动	时间（分钟）	运动	时间（分钟）
瑜伽	30	舞蹈	30
太极拳	30	伸展操	15
游泳	30	快走	20
武术	60	其他有氧运动	30
高尔夫球	60		

✻ A型血健身计划

不同的运动，有不同的要求，也有不同的操作方式。对于A型血的人来说，他们对运动的要求比较多，以下精选健康运动，以供A型血人参考。

〔瑜伽〕 Yoga

【塑造形体三式】

在做瑜伽前，最好做两三分钟的深呼吸，以集中精神，或获得一种平静安宁的心情。

平躺舒缓式 能伸展胸部、臀部和颈部，刺激消化，具有活跃神经系统，提高警觉性的作用。

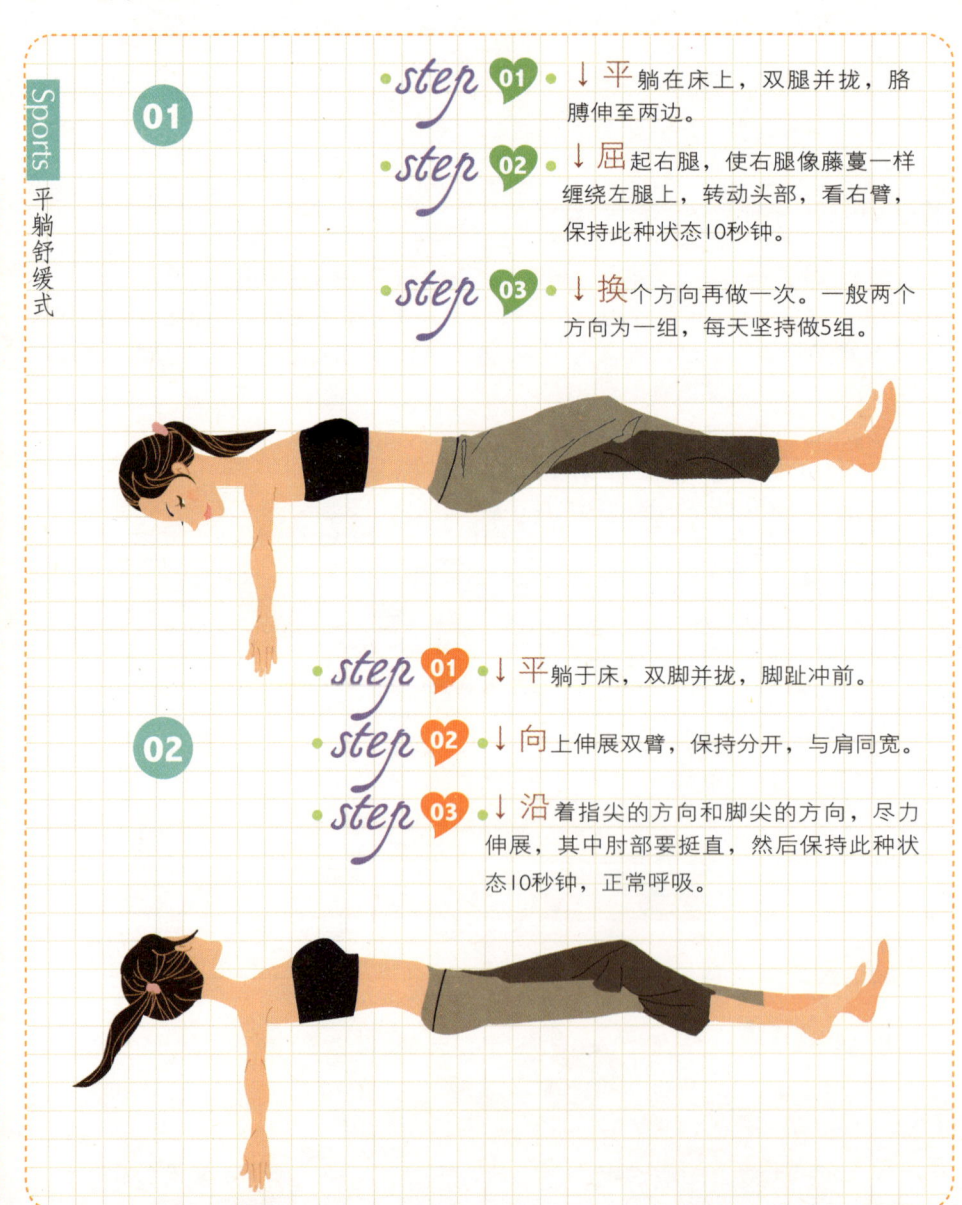

01 平躺舒缓式

- step 01 ↓ 平躺在床上，双腿并拢，胳膊伸至两边。
- step 02 ↓ 屈起右腿，使右腿像藤蔓一样缠绕左腿上，转动头部，看右臂，保持此种状态10秒钟。
- step 03 ↓ 换个方向再做一次。一般两个方向为一组，每天坚持做5组。

02

- step 01 ↓ 平躺于床，双脚并拢，脚趾冲前。
- step 02 ↓ 向上伸展双臂，保持分开，与肩同宽。
- step 03 ↓ 沿着指尖的方向和脚尖的方向，尽力伸展，其中肘部要挺直，然后保持此种状态10秒钟，正常呼吸。

建立信心式　能刺激、改善脊椎血液循环，使脊柱变得柔软、挺拔。每日练习还可以刺激循环和呼吸，改善姿势，提高自信。

在做此动作时，有些人由于肩部僵硬，两手互相够不到，可以用抓住毛巾两头的方法来代替。

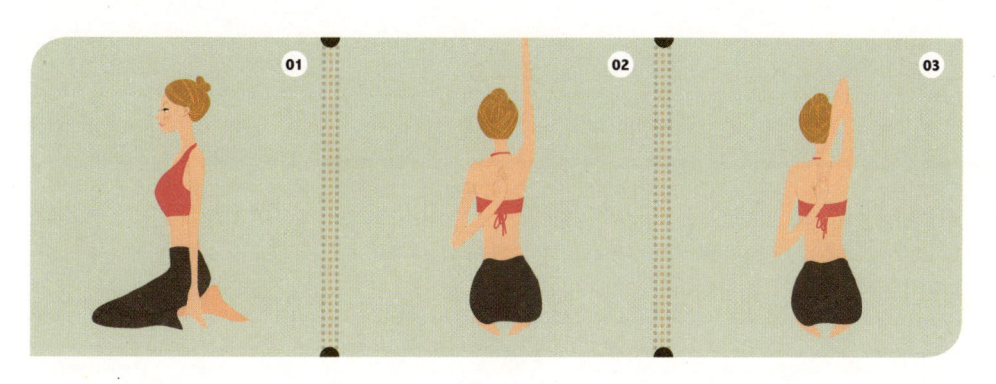

- step 01 **跪坐**，脚趾向后，脚跟朝上，臀部放在脚底；调整呼吸。
- step 02 **吸气**同时，右臂上伸，曲肘向后，尽力放低到两个肩胛骨之间。如果右手做不到，可以用左手扳右肘。
- step 03 **呼气**，左臂自下而上向背后曲起，与右手手指相叩。
- step 04 **挺直脊背**，目光平视，保持20秒钟，自然地呼吸；左右各做3次后，松手甩动。换另一侧再做。

放松式　能拉伸脊椎以及四肢的肌肉，使身体放松。长期坚持，可以有效防治上班族因常用电脑，引起的肩周炎和脊椎性疾病，而且能建立一个平静、积极的外在形象，注意力也容易提高。

- step 01 **平躺于床**，双手合掌，渐渐移至胸前。
- step 02 **保持掌心相对**，由下至上伸展，过头。
- step 03 **屈右腿**，单脚抵左腿内侧，如此保持10秒钟，然后换方向再做。

【安神瑜伽三式】

瑜伽可以平定心情，帮助集中精力。以下所教三式，可以在睡前练习。

猫式 拉伸背部肌肉，改变脊背僵硬的状况。

step 01 双手、双膝着地，双臂与肩同宽，双膝打开与胯部同宽，背部自然伸展。

step 02 吸气同时，闭上双眼，像猫伸懒腰一样，压低脊背，抬起头，尽力抬高下巴。

step 03 呼气，下巴垂向胸部，把背部拱起来，然后再回到原始位置。

团伸式 锻炼背部以及大腿内侧肌肉，能塑造体型。

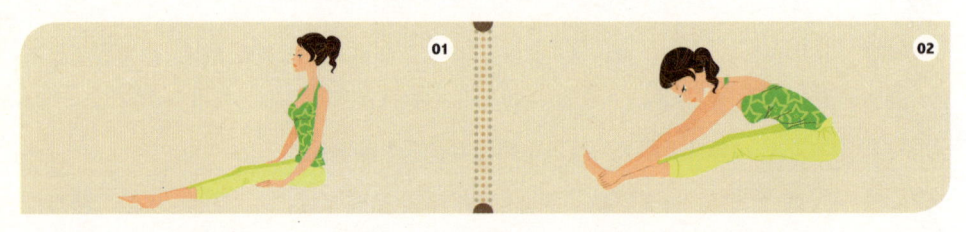

step 01 坐在地板上，双腿向前伸出，膝盖放松，脊柱伸直，调整呼吸。

step 02 上体向前倾，双臂伸出，够向脚趾，胸腹部最好可以接触腿部。

step 03 在拉伸的同时，完全放松脊柱和臀部，保持3秒钟，然后吸气，回到最开始的位置。如此反复，26次为一组，一天做一组即可。

海豚呼吸法 海豚是一种神奇的动物，它们可以用一侧大脑思考，等到大脑疲劳时，再换另外一侧的大脑思考。海豚呼吸法，即是由海豚的这种习性演变而来。

step 01 坐在椅子上，或者双腿交叉坐在地板上，腰挺直。

step 02 右手拇指按住右鼻孔，通过左鼻孔呼吸1~2分钟。

step 03 然后放开右手拇指，换左手拇指按住左边鼻孔，通过右鼻孔呼吸1~2分钟。如此做3~5次，可以使头脑清醒，呼吸顺畅，有助于睡眠。

〔伸展操〕 Stretching exercises

【伸展腹部肌群】

这是一套集健身与减肥两种作用的伸展操，具有强化背部肌肉、伸展腹部肌群，使小腹平坦的作用。而且这套操节奏舒缓，技巧简单，非常适合A型血的人。

step 01 趴在地上，双手放在肩膀下方，手肘贴住地面，双腿放松并拢贴地，吸气预备。

step 02 身体稳定后，夹紧臀部，用手肘将身体撑起，使肩膀和胸部离开地面，并维持肩膀稳定而不耸肩。

step 03 抬头，视线向前，维持这个动作约三个呼吸后，再回到开始的位置。一组五次，每天坚持练习三组，可有效塑造体型。

【放松肌肉】

对于上班族的A型血来说，长时间坐在椅子上工作，不利于身体健康，而椅子上的伸展操可以帮助上班族解决这方面的问题。

方法一

step 01 坐在椅子上，双脚并拢，并且双脚内侧相接触。

step 02 腰部贴紧椅背，保持均匀呼吸，上身逐渐向前倾。然后调整呼吸，直立。

step 03 然后再从头部到丹田完成一个前倾动作，同时保持呼吸。

方法二

step 01 身体直立，将重心移到左腿，右腿抬起，膝盖弯曲，双手放在两胯，或者扶着椅子以保持平衡。

step 02 身体向前慢慢倾斜弯曲，右腿向后水平伸展，直至身体和右腿与地面保持水平（如果是初练者可以不必与地面水平），双臂向后伸展，掌心朝下。

step 03 要让肩膀比背部略低一点，下颌也要低一点，将目光集中在前方地面上，保持30秒钟，然后重心换到右脚再做一遍。

*A型血的活力食谱

俗话说，人体健康"一半靠练，一半靠吃"。这里的"练"就是指平日科学的体育锻炼，"吃"是指合理地吃。那么对于A型血的人来说，如何吃才能增加他们的活力，才能算合理呢？看看专家为A型血准备的活力食谱。

豌豆胡萝卜炒瓜丁

材料	西瓜肉500克，豌豆100克，胡萝卜50克。	调料	植物油、盐、白糖。

做法

1. 西瓜肉去子，切丁；胡萝卜洗净后，去皮，切成小丁；豌豆洗净备用。
2. 锅置火上，倒入植物油烧至八成热，放入豌豆翻炒至豌豆表面微焦。
3. 加入胡萝卜丁翻炒，并调入盐、白糖，加西瓜丁继续翻炒至豌豆熟即可。

活力食谱分析

运动后，需要补充糖类，西瓜是身体重要的糖类来源。A型血运动后，吃此菜可以使精力更加充沛。

炒年糕

材料	年糕片300克，鸡脯肉80克，大白菜、韭黄、干木耳各适量，鸡蛋1个(取蛋清)。	调料	植物油、高汤、白糖、酱油、盐、淀粉。

做法

1. 蛋清加盐、淀粉搅拌成稀糊状；鸡脯肉洗净后，切成细丝，放入蛋清淀粉糊中腌30分钟；干木耳泡发后，去蒂，洗净，切成丝；白菜洗净后，切丝；韭黄洗净，切成段。
2. 锅置火上，倒入植物油烧至八成热，放入年糕片稍炸，使之定型后，盛出。

3. 锅中留少许油，放入肉丝、木耳丝、白菜丝翻炒片刻，倒入高汤焖至锅中还有少许汤汁时，放入年糕拌炒，并调入盐、白糖、酱油和韭黄段，翻炒均匀即可。

活力食谱分析

对于A型血的人来说，由于他们要尽量避免小麦及小麦制品，所以碳水化合物食物选择范围较少。这款炒年糕既可以满足A型血对碳水化合物的要求，又不违反他们的饮食计划，非常完美。

滑炒三文鱼

材料	三文鱼500克，鸡腿菇150克，菜心100克，鸡蛋2个（取蛋清）。	调料	植物油、高汤、鸡油、盐、花椒粉、鸡精、蒜蓉、料酒、白糖、淀粉、水淀粉。

做法

1. 三文鱼切片，用盐、料酒、蛋清、淀粉上浆入味；鸡腿菇洗净后，切成片；菜心洗净备用。
2. 锅置火上倒油烧热，加入菜心、鸡腿菇、盐、鸡精炒熟，盛出。
3. 锅中再次倒油，烧至四成热，放入三文鱼片，滑散后盛出。
4. 锅内留余油，放蒜蓉爆香，加高汤、盐、花椒粉、白糖、鱼片炒匀，用水淀粉勾芡，淋入鸡油，盛入菜心、鸡腿菇盘中即可。

活力食谱分析

运动需要补充蛋白质，由于A型血的人不适合大量的肉类，因此鱼类成为他们摄入蛋白质最好的来源。三文鱼中含有不饱和脂肪酸，对预防心血管类疾病有良好功效，非常适合A型血。

知识链接

A型血活力饮食搭配要则

虽然瑜伽、伸展操等有氧运动看似动作缓慢，不消耗能量，事实上，有氧运动才是消耗能量的"高手"。因此，运动后饮食搭配也要注意以下五点：合理选择三餐食物的种类和数量；重视主食摄入；动物、植物蛋白比例要适宜；吃各种蔬菜、水果；减少油炸食品的摄入。

B型血：规律运动保健康

B型血继承了祖先"畜牧者"的基因，但在长期的进化、演变过程中，他们的某些功能退化了，比如对剧烈运动的适应能力，以及对危险的应急能力。因此，B型血的养生运动开始趋向和谐而平衡。有规律的稍微剧烈一点的运动，可以让B型血的人更加健康。

✻ B型血运动漫谈

在饮食的选择上，B型血的人是"完美"型的人，几乎能吃遍所有的动物和植物。而在运动上，B型血的人就不像他们在食物上表现得那么"完美"了，需要小心翼翼地选择。

B型血的体质

B型血的人不同于A型血的人，他们身体本身具有反应灵活、判断敏捷、创造能力高、好胜心强的优点。B型血的人在运动场上，很多时候大脑还没有来得及反应，身体已经冲过去或躲开了。但B型血的人在情绪上缺乏耐心、不够稳定。经过研究发现，一般运动员中，排球、田径、体操等这些竞争意识强的项目中，B型血的人占很大比例。研究者往往把B型血的运动员归为"兴奋型"运动员，即他们能很好地调动情绪，而且好胜心强，必须参加那些具有很强竞争意识的运动，才能有出色的成绩。在生活中，普通的B型血人也非常喜欢有竞争的运动，似乎只有如网球、健行、慢跑这些能够与人一争高下的运动，才能真正调动起他们的积极性来。

B型血的运动生理特点

或许是由于B型血的饮食太"完美"了，他们在身体素质上，并没有像A型血的人那样肾上腺素含量高的特点，他们的肾上腺素含量是平衡而和谐的，一如他们对运动的要求。原本身为畜牧者的B型血的祖先是热爱剧烈运动的，他们喜欢在草原上奔驰的那种感觉，喜欢对手在摔跤台上摔倒的瞬间。然而，毕竟他们已经学会了驯养的技术，不用再为食物到处奔跑，这相对于最早以狩猎为生的人类来说，已经太幸福了。所以他们逐渐抛弃了用双腿快速奔跑的技能，开始在马上闯天下。但由于他们的血液里含有沸腾的因子，舒缓的、以伸展为主的运动又无法满足他们想要奔驰的心，因此，精神放松、不太剧烈但也不太舒缓的运动成了他们的追求对象。

*B型血运动解码注意

在B型血的祖先"畜牧者"时期，他们就已经学会如何保持自己的体能。B型血的后代沿袭了祖先的基因，以及对运动方式的选择。他们喜欢剧烈运动带来的快感，但又要顾及体能的流失。于是，在漫长的演化过程中，他们选择了不太剧烈的运动，巧妙地平衡了身体与愿望之间的关系。

B型血不适合剧烈运动

因为B型血的饮食几乎包括了所有的肉类和植物，所以，相对A型血的人来说，他们的肌肉、体能爆发力强。但B型血毕竟是继A型血后出现在地球上的第三种血型，他们与A型血之间必然有某些神秘的联系。比如剧烈运动也能刺激B型血的人产生更多的肾上腺素，使他们身体更加疲惫和紧张。因此，B型血的人就形成了既喜欢剧烈运动，又不能做剧烈运动的矛盾运动方式。

B型血适合的运动

据统计显示，B型血在运动中会表现出适应性强、动作干练敏捷的特点，非常适合体操、田径等项目。另外，由于B型血人的身体需要一种平衡而和谐的活动方式，不太剧烈的运动成为了他们最好的选择。一方面，不太剧烈的运动活动性比较大，符合B型血心里对"狂热"的追求；另一方面，不太剧烈的运动又具有某些舒适性，这符合B型血的身体特点。总之，不太剧烈的运动是协调B型血心理与身体的最佳平衡点，非常适合B型血的人。

适合B型血的运动一览表

运动	时间（分钟）	运动	时间（分钟）
网球	60	太极拳	45
骑自行车	60	高尔夫球	60
柔软体操	45	游泳	45
竞走	60	有氧运动	60
武术	60	力量练习	45
瑜伽	45		

*B型血健身计划

相对于A型血的人来说，B型血的运动要自由、激烈一些。因此，B型血的健康运动也更热闹一些。

据说，B型血的人具有"懒人症"，他们会盲目自信自己的身体，而且对于运动是能拖则拖，懒怠动用器械，所以最适合他们的运动就是跑步了。

【慢速放松跑】

能锻炼B型血脆弱的呼吸系统，对心血管类疾病有明显的预防作用。

Sports 慢速放松跑

step 01

← 运动前做好准备工作，换上轻松舒适的鞋子、衣服等，调整好呼吸。

step 02

→ 不加任何努力地慢跑，总之，以轻松、舒服，无疲劳感为好。心率一般控制在每10秒钟18～22下即可。

step 03

→ 一般跑完后，会稍有气喘。最好坚持每周练2～3次，每次练习20分钟左右。

【中速跑步法】

可以增强心脏功能，对调节内脏平衡等有显著的效果。

Sports 中速跑步法

step 01
↓ 应做好准备活动和放松活动。

step 02
↓ 速度比慢速放松跑稍微快些，保持在每秒5米，或心率保持在每10秒钟23～25下最好。

step 03
→ 最好坚持每周练习2～3次，每次练习到疲劳为止。

【快速跑步法】

对提高人体无氧耐受力、肌肉功能,以及心脏功能有一定作用。但患有内脏慢性病、心血管等不能练习。

- **step 01** **这种**跑法运动强度较大,因此,一定要做充分的准备活动。
- **step 02** **用较快的速度**向前跑,练习时心率一般都在人体最高水平,每10秒钟保持在28~30下。
- **step 03** **因为强度大**,所以持续时间较短,一般几秒钟,但可以重复练习。每周练习1~2次就可以了,每次重复3~6次。

【水中柔体操】

对于B型血的人来说,柔体操是适合他们的运动方式,既不剧烈,也不过度平静。水中柔体操是一种非常有效的有氧运动,不仅可以锻炼呼吸系统,而且可以塑造身形,是爱美的B型血人最喜欢的一种运动方式。

方法一

- **step 01** **下水前**,做好四肢拉伸、热身等准备工作,以免下水抽筋。
- **step 02** **下水后**,手撑腰的两侧,上身左右倾斜,屈腿拉伸大腿内侧。
- **step 03** **手撑**着腰的两侧,单脚踢水,左右交互踢,尽量抬高脚。
- **step 04** **尽量**保持水中运动,持续30分钟左右。

方法二

- **step 01** **做**各种准备活动,拉伸身体。
- **step 02** **像做韵律操**一样,按节奏在水中跳跃。为了能体会到韵律操的感觉,可以配合音乐一起做,感觉更轻松。
- **step 03** **做完**一套操后,在游泳池中,最好以10米为范围,在水中来回横步走动,调整气息。

方法三

- **step 01** **下水前**,要做准备活动。
- **step 02** **下水后**,双手抓着池边,背部要保持挺直,然后将双脚左右交互往后踢。在做此运动时,注意臀部至脚尖不可弯曲。
- **step 03** **双手**抓池边,然后先将左脚做重心坐低,右脚往后拉直,整个动作如同陆上舒展拉腿的动作。

*B型血的活力食谱

B型血不喜欢安静型运动，因此，消耗的能量要比A型血的人大。不过，幸好B型血的饮食选择范围比较大，所以，这对B型血的人来说，平衡营养也不算什么难事。

cooking 杏仁烩冬笋

| 材料 | 杏仁50克，冬笋100克，青椒25克，高汤适量。 | 调料 | 水淀粉、鸡精、盐。 |

做法

1. 青椒洗净，去蒂、去子，切成小块；杏仁洗净，沥水；冬笋去壳，洗净。
2. 锅中放水，烧沸，加入洗净的冬笋焯熟，捞出，切片后沥水。
3. 锅洗净，倒入高汤，重置火上，加杏仁、青椒块，再加盐、鸡精调味，用水淀粉勾薄芡后放入冬笋，翻匀即可。

活力食谱分析

杏仁含有多种矿物质元素，具有清肺火、排毒养颜的作用，非常适合拥有脆弱呼吸系统的B型血人。它与冬笋搭配后，不仅能减少B型血的便秘情况，还能补充他们因运动而缺乏的纤维素，是一款经典的运动活力食谱。

cooking 枸杞豆腐

| 材料 | 日本豆腐500克,枸杞子10克。 | 调料 | 橙汁、盐、淀粉、味精。 |

做法

1. 日本豆腐用水冲洗，切成圆段；枸杞子洗净后备用。
2. 用橙汁、盐、淀粉、味精调制成调味汁。
3. 将豆腐段整齐码入盘中，浇入调好的汁，放入锅中蒸8分钟，取出后撒上枸杞子即可。

活力食谱 分析

豆腐含有丰富的蛋白质，它与枸杞子搭配能调和身体营养平衡，非常适合B型血的人。

芹菜木耳

材料	西芹300克，水发木耳100克，红椒50克。	调料	植物油、盐、味精、白糖、水淀粉、蒜末。

做法

1. 西芹择洗净，切成段；水发木耳去蒂，洗净，切成丝；红椒洗净、去蒂、去子，切成丝。
2. 锅中加水，煮沸后，放入西芹段、木耳丝略焯，捞出沥水。
3. 锅重新放置火上，倒入适量油，加入蒜末、红椒爆香，放入西芹段、木耳丝、盐、味精、白糖翻炒至入味后，加水淀粉勾芡即可。

活力食谱 分析

西芹中含有丰富的蛋白质和矿物质，对治疗高血压有一定的效果。另外，B型血运动后，容易出汗，西芹对清热益气也有一定的效果，而且配合能疏通肠胃的木耳，真可谓是B型血运动后的理想佳肴。

烤兔肉

材料	兔肉200克，金针菇500克。	调料	葱花、香辣酱、花椒粉、味精、料酒、盐、植物油。

做法

1. 兔肉洗净，切成小丁；金针菇洗净，切段备用。
2. 将香辣酱、葱花与兔肉丁拌匀，放入烤箱中，用200℃的温度烧烤10分钟。
3. 锅置火上，倒入适量油，烧至八成热后，加入兔肉丁、金针菇、花椒粉、香辣酱、料酒、盐、味精炒匀即可。

O型血：让运动来得更剧烈些吧

在四种血型中，只有O型血适合的运动最具有颠覆性。或许是由于远古狩猎者狂热的因子的作用，O型血最适合剧烈的运动。

✱ O型血运动漫谈

由于O型血的祖先是狩猎者，身体里有着热血沸腾的因子。因此，他们的体质、血液有着意想不到的热情，对运动的要求也是如此。

O型血的体质

O型血的人具有强健的体魄和肌肉，他们的爆发力和弹跳力都特别好。据统计，在短跑、跳跃、排球、棒球中，O型血的人比较容易取得出色的成绩。在非洲的血型调查中显示，大部分黑人的血型是O型，由此可见，O型血的爆发力和弹跳力决非夸大。虽然普通的O型血的人并不需要像运动员一样具有超强的天赋，但老祖宗狩猎者遗留下的狂热因子，却引领他们对剧烈运动有种说不出的热爱。

O型血的运动生理特点

O型血祖先狩猎者的基因，使得现代的O型血人具有非同一般的体能反应。他们与其他三种血型不同，一旦肾上腺素开始释放化学物质到血管里去时，他们会变得非常有活力。他们满足于高度消耗体力的运动，并通过动感与激烈的身体活动来释放体内充沛的激素力量。所以，如果O型血的人想要保持健康，剧烈的运动必不可少。剧烈的运动不仅可以振奋精神，而且还可以帮助O型血的人控制体重、平衡情绪，维持他们坚强的自我形象。

*O型血运动解码注意

对于O型血的人来说,他们天生具有一种能够扭转压力的神力,而秘诀就在于他们的血型。

O型血不适合舒缓运动

在运动方式的选择上,O型血的人与其他三种血型完全不同。通常来说,当A型血的肾上腺素上升时,他们身体首先会通过神经反射,将信息输送给大脑,从而产生焦虑、烦躁的情绪。而O型血的人却完全相反,当他们体内的肾上腺素上升时,他们反而充满活力,他们的肌肉比大脑更快地做出反应,会出现紧张情况。如果这种紧张情况得不到缓解,O型血的人就会出现沮丧、疲劳等情绪。而如果此时让O型血的人进行舒缓的、具有镇静作用的运动,不仅不会减轻他们"惊慌"的症状,反而会加重疲劳的情绪。

O型血适合剧烈运动

O型血的祖先给了现代O型血一副能够在瞬间爆发、释放压力的体魄,大运动量、高强度的剧烈运动,可以使他们本来稀少的肾上腺皮质素增多,从而更快地缓解肌肉紧张情况,这对O型血的人非常有利。另外,O型血高度消耗体力的运动可以让肌肉呈酸性,这种酸性与O型血老祖先天然的酸性体质非常一致。这也是O型血适合剧烈运动的根本原因。

适合B型血的运动一览表

运动	时间(分钟)	运动	时间(分钟)
普拉提	40	体操	60
游泳	45	舞蹈	60
自行车	30	武术	60
有氧运动	60	溜冰	30
慢跑	30	健行	40
爬楼梯	30	重量训练	30

✽ O型血健身计划

在四种血型中，O型血的健康运动是最具热闹气息的，无论是凝聚了东西方训练的普拉提，还是完全东方的武术，O型血的人都能包揽于内。

〔普拉提〕 Pilates

普拉提是一种类似瑜伽的运动，它结合了东西方运动的特点，能拉伸肌肉、塑造形体。

【天鹅翘首式】

能使后腰的线条更漂亮，小腹更平坦，具有增进背部弹性，舒缓脊椎的作用。

step 01
↓俯卧，脸朝下，手撑在肩膀两侧，双腿打开同骨盆宽，绷紧下背部与臀部，肚脐收紧。

step 02
→胸部提起，离开垫子，运用背部的力量吸气。

step 03
←撑开双臂，维持轴心的凝聚力，将身体提起一个弧形。

step 04
←身体下降，回到原始动作。重复进行。

【旋腰拉锯式】

可以增强血液循环，并锻炼柔韧性和控制力；收缩并柔软腰腹斜肌；舒展腿后肌肉和韧带；排除体内浊气。

Sports 旋腰拉锯式

step 01

←伸直双腿，身体呈90度角直坐在垫子上，双臂侧伸展，齐肩，双脚趾指向天花板，保持身体的伸展、稳固，有意识地收紧腰部，并上提腰部力量。

step 02

→吸气，保持上体向上伸展，同时从腰部开始进行侧扭转，注意腰部以下不要动。

→呼气，上提并收缩肋骨和腹部，向脚尖伸展手臂，然后再将手臂向后伸展，注意保持手臂的展开。

step 03

【旋转背部伸展式】

拉伸背部肌肉，练习身体平衡，平坦小腹。

step 01 · **俯 卧**，双手叠加放在前额下，掌心向下；双脚分开与髋关节同宽，同时收缩腹部。

step 02 · **慢 慢** 地抬起头部，让肩膀和胸部离开地面，然后向右转动上半身，背部朝向中心。

step 03 · **做完后**，换左边重新开始做。连续做六组。

【交叉式】

锻炼颈椎，放松肌肉，舒活筋骨。

step 01 · **仰 卧**，腿抬起，膝盖弯成90度角；手放到脑后，姿势如仰卧起坐原始姿势。

step 02 · **起 坐**，抬起头，使颈和肩膀离开地面；同时收缩腹部。

step 03 · **吸气**，把身体转向右方，使右膝盖和左肩膀尽量靠近；同时伸开左腿，以对角线的形式朝向天花板。呼气，然后换另外一侧开始做。然后持续练习6组。

【点地式】

平坦小腹；减缓压力，活动髋骨。

step 01 · **仰 卧**，腿抬起，膝盖弯成90度角；双手自然放在身体两侧，掌心向下；腰部与地面平行，大腿向上伸直。

step 02 · **保 持** 腹部肌肉收缩，同时，把背部用力压向地面。

step 03 · **吸气**，左腿放低，从髋关节开始动，把脚尖点向地面，同时数着"下，下"，但要注意的是并不需要真的碰到地面。

step 04 · **呼气**，让左腿放回初始位置，然后换右腿，按照相同的方法做，并数着"上，上"。两腿交替双腿做，直到双腿都做12下。

【腿绕圈】

塑造美腿，收小腹。

step 01 仰卧，双腿伸直，双手自然放在身体两侧，掌心向下，然后抬起左腿朝向天花板，绷直脚尖，保持10~20秒钟。

step 02 左腿上抬时，右腿从髋关节开始转动，脚趾进行划圈运动，注意开始绕圈的时候吸气，结束的时候呼气。

step 03 尽量保持身体不动，不要摇摆，同时收紧腹部。做6次绕圈运动，再反方向做6次。开始换另外一条腿做。

【踢腿运动】

锻炼身体平衡能力，塑造美腿形体。

Sports 踢腿运动

step 01 →向左侧躺，双腿并紧、伸直，左胳膊支起身体，使胸肋脱离地面。右手轻轻放在身前地面上，以保持平衡。

step 02 →抬起右腿，与髋关节同宽，旋转脚，使脚趾朝向前方。

step 03 →右腿尽可能向前踢，同时呼气，心里想着"踢，踢"；伸直脚趾，让右腿摆回来，摆过左腿，同时吸气。然后换另外一侧开始做。

*O型血的活力食谱

O型血的人喜欢肉食，无论是休闲时光，还是运动后疲惫的身体，他们都需要富含高蛋白的动物性食物。

辣味酱牛肉

材料	牛腱肉400克，干红辣椒。	调料	葱段、姜片、花椒、大料、桂皮、生抽、白糖、盐。

做法

1. 将牛腱肉洗净，切去边角肉备用；干红辣椒洗净备用。
2. 锅置火上，倒入适量清水，放入牛腱肉、葱段、姜片，大火煮沸，加入生抽、白糖、花椒、大料、桂皮、干红辣椒继续煮20分钟。
3. 改小火炖约2小时，加盐调味后收汁，即可盛出，凉凉，切片。

活力食谱分析

O型血的人应该避免辛辣食品，但对于性格外向、爱运动的他们来说，偶尔一次的微辣食品，能让他们更有活力。

小笼蒸羊排

材料	羊排400克，米粉100克。	调料	姜末、葱末、白糖、料酒、腐乳、甜面酱、豆瓣酱、生抽、盐、香油。

做法

1. 羊排洗净，切成小块；将盐、腐乳、料酒、豆瓣酱、甜面酱、生抽、白糖、葱末、姜末放一起，调成酱汁。
2. 把羊排块放入酱汁中，腌渍20分钟后，再把米粉放入盘中拌匀，使羊排块均匀裹上米粉后，淋适量香油。
3. 蒸锅置火上倒水烧沸，放入羊排块大火蒸40分钟，撒葱末即可。

活力食谱分析

羊肉是各类肉制品中的优质肉品，含有丰富的优质蛋白和矿物质，是O型血运动后最好的能量补充品。

黑胡椒洋葱牛小排

| 材料 | 牛小排200克，洋葱100克。 | 调料 | 蒜片、红葡萄酒、黑胡椒酱、盐、奶油。 |

做法

1. 洋葱去皮，洗净后切丝；牛小排洗净，切成小块。
2. 烤盘中放入适量奶油，用200℃烤1分钟，爆香蒜片，加入牛小排块和红葡萄酒、黑胡椒酱、盐、洋葱丝趁热略翻炒。
3. 把所有材料放入垫好铝箔纸的烤盘中，移入烤箱用250℃烤20分钟，取出即可。

活力食谱分析

牛小排的脂肪含量适中，肉中有筋，富有胶原蛋白，是爱美的O型血人最好的运动活力食谱。

豆腐熬海带

| 材料 | 豆腐500克，海带100克。 | 调料 | 葱片、姜片、盐、味精、植物油。 |

做法

1. 将豆腐洗净，切成小块；海带洗净，切成丝备用。
2. 锅内放油烧热，放入豆腐块煎至颜色微黄，捞出沥油。
3. 原锅中留油烧热，放入葱片、姜片、海带丝翻炒几下，加适量清水，放入豆腐块煮10分钟，加盐、味精搅匀即可。

知识链接

运动中如何补水

很多喜欢运动的人都知道，运动时可以喝一些水或饮料来补充体力，但很少有人知道，如何饮水才能使自己处于最佳的运动状态。现在就让专家来教教你。运动前可以饮用牛奶、果汁、甜豆浆等，以补充水分；运动中则最好选择矿泉水或淡盐水，以补充体内因运动而流失的矿物质和盐分；无论你多渴，饮水时，最好小口慢咽，因为这种喝水方式最解渴。

AB型血：
镇静、有氧运动要交替进行

AB型血的人无论是在体质上，还是在饮食选择上，都沿袭了A型血或B型血的特点。在运动上也是如此。因此，他们比较适合具有镇静功能的运动和有氧运动交替进行的方式。

✳ AB型血运动漫谈

AB型血的人，在运动上大部分沿袭了A型血的特征，因此，强烈刺激的运动与他们无缘，他们更适合静态的有氧运动，如太极拳、瑜伽等。

AB型血的体质

AB型血的人同其他三种血型相比，在神经反应和平衡感方面，表现出比较优秀的素质。据统计，运动员中，在足球、排球、乒乓球、撑竿跳等技术性较高的项目中，AB型血的人占有很大比例。因此，血型专家推测，AB型血的体质非常适合技术性强的运动。另外，AB型血的人性格上沉着冷静，顾全大局，即使是在强手如林、竞争激烈的环境中，也能够奋力拼搏，沉着应战。同时，他们又有烦躁、缺乏耐心等缺点，所以适合镇静、有氧运动交替进行。

AB型血的运动生理

AB型血的肾上腺素比较活泼，经常会刺激AB型血的人产生焦躁、愤怒，以及激动等情绪。而且AB型血的人比较敏感、脆弱，如果长期处在不良情绪控制下，他们敏感的神经就会渐渐消耗掉具有保护作用的抗体。所以，AB型血的人就会疲于抵抗感染源或细菌，身体则会像一座空虚的塔一样，遭受各种细菌的攻击。从这个层面上说，AB型血的人一定要经常做运动，以锻炼身体，增强抵抗力。但AB型血的人不能做剧烈的运动，以免刺激他们本就比较活泼的肾上腺素含量。因此，他们适合进行具有镇静作用的运动和有氧运动交替的运动方式。

Attention 没有绝对的"有益"

食物并没有绝对的"有益"和绝对的"有害"。不同的食物，在不同的时间所表现的功效不同。所以尽管在某种血型的活力食谱中，加入了该血型不适合的调料或材料，但这并不是错误或漏洞，而是该血型的饮食调节。

✽ AB型血运动解码注意

现代的生活是忙碌的，对于敏感的AB型血人来说，忙碌的生活使得他们本就脆弱的神经更加脆弱。AB型血的这种特征，完全是由于他们体内含有特殊的双重密码的缘故。而运动和饮食，是通向这密码的唯一途径。

AB型血不适合剧烈运动

虽然AB型血的人食物选择范围比较广泛，但他们肠胃较脆弱，神经系统也比较敏感，实际上更偏向于对植物性食物的选择。因此，他们的爆发力与A型血的人一样，并不像B型血或O型血的人那么强。另外，AB型血的人神经脆弱，相对其他血型更容易进入紧张的情绪。从这方面说，AB型血的人也不适合剧烈的运动。

AB型血适合交替运动方式

AB型血的人是非常敏感的人，受外界因素影响很大。因为他们的身体是A型抗原和B型抗原小心翼翼维持平衡的结果，因此，稍有不慎，就会打破身体这种微妙的平衡状况。

例如，如果他们经常练太极拳、瑜伽等具有镇定、集中精神的运动，他们体内A型抗原的力量就会增大。这时，他们体内B型抗原的功能就会受到排挤，从而造成AB型血的人身体不适。如果他们经常做快步行走、游泳、骑自行车等运动，他们体内B型抗原的力量会增大，同时也会遏制A型抗原的力量，也不能使AB型血的人获得完全的健康。因此，AB型血的人应该在适合自己的运动中，挑出一种或一种以上的相对不太剧烈的运动，一个星期从事3~4次才能保证健康。

AB型血运动注意

对AB型血的人来说，他们血液内含有植物者A型血和畜牧者B型血的双重基因，因此有着比较矛盾而特殊的抗原，运动时需要格外注意两方面内容。一方面，他们运动的强度应保持在最高心率的60%~70%，即（220－年龄）×60%或70%。如果心率过快，则表明运动强度超过了有氧运动的强度，需要调整运动强度。

另外，AB型血的人敏感、理智而又有些性急，而且很容易受到外界环境的影响，所以，对他们来说选择较好的锻炼环境尤为重要。无论选择哪种运动项目，AB型血的人最好在早上或晚上进行锻炼，而且锻炼地点的空气流通应通畅。因为此时的环境与气氛最适合AB型血的人放松自己。

AB型血健康运动一览表

运动	时间（分钟）	运动	时间（分钟）
伸展操	15	游泳	30
舞蹈	45	武术	60
太极拳	45	散步	60
骑自行车	60	高尔夫球	60
瑜伽	30	冥想	30
快步行走	60		

※ AB型血健身计划

AB型血的健身计划，既不同于A型血的安静、恬淡，也不同于B型血的热闹，它是一首安静与喧闹相互交错的交响曲。

【太极拳】

太极拳是一项徐缓的、动作柔和的运动，分为陈式、杨式、孙式、吴式、武式以及武当、赵堡等多种流派。但不管练习的是哪一派，最好都要遵从以下的规则。

Sports 太极拳

step 01

↓练习时间最好选择早晨或晚上两个时间段。因为早上空气新鲜，环境安静，这时练习太极拳能使身体的各种器官活跃起来，为一天的工作、学习打好基础。而傍晚练习太极拳，能使人凝神、思空，调剂一天的疲劳。

step 02

→最好选择阳光充足、空气新鲜、地面平坦的环境练习。因为练习太极拳本身就需要凝神静气，如果环境不好，容易影响练习者的情绪。

step 03

←选择好时间、地点，则可以练习太极拳了。

step 04

→收势后，应注意慢慢散步片刻，不要立即休息。而且在此过程中，要配合呼吸，一呼一吸迈一步，同时意守丹田，气定神舒。然后，再回去休息。

【冥想】

冥想是通过静坐来清除杂念的一种方式，从而达到身心祥和的境界，具有减轻生活压力、增强身体抵御疾病的能力、缓解精神紧张等作用，并对呼吸道、头痛、胃痛、神经系统等疾病有很好的改善作用，非常适合AB型血的人。

step 01 穿着舒适的衣服，并准备一张坐垫。

step 02 选择一种舒服的方式入定。一般传统的姿势是席地盘腿而坐，如果不喜欢这样坐，也可以仰卧，坐在自己的腿肚子上或直背椅子上。总之，以自己舒服为主。

step 03 挺直脊背，双手自然放在两膝上，用鼻子呼吸。通常吸气时，想象肺部充满空气，肚子鼓起；呼气时，想象空气由肺部压出，肚子缩回。

step 04 要集中注意力。如果无法集中，可以在呼吸之间数数，慢慢将注意力拉回来。然后，如此静坐10分钟或更久的时间。

【安代舞二式】

安代舞是由蒙古族一种类似祭神的舞蹈发展而来，节奏舒缓，音乐优美，具有舒筋活络、疏通血管的作用。

方法一

step 01 最好在腰间系一条长飘带，如果没有长飘带，系一条长丝巾，或者手拿两块颜色鲜艳的手帕也可以。

step 02 选择宽敞的地点。

step 03 两手叉腰，双脚不动，上身向右转三次，再向左转三次；待身体转向正前方后，原地踏步，向上挥舞丝帕三次。然后，回到原始位置，再做两遍。

方法二

step 01 手拿两条长丝帕或绸巾，双脚并拢站好。

step 02 边做蹲起，边前后挥舞丝帕三次。到第四次站起时，分开双脚与肩同宽，向右转，双手由肩部背后，左手不动，右手向右

> **安代舞主要动作注意**
>
> 其实，安代舞是一种特别容易学习的舞蹈，它的主要动作就是原地踏步，挥舞丝帕；或者转圈跑动，挥舞丝帕，其中还有蒙古族最著名的抖肩动作；第三种则是跑跳着挥舞丝帕。锻炼者应注意，安代舞中的丝帕通常都是向上挥舞，并不会左右挥舞。因此，有助于肩周疾病的预防。

向上挥舞丝帕四次，相反方向，左手做四次；然后身体转向正前，双手向上挥舞四次。

- **step 03** **双腿**不动，双手在体前交叉，由下而上划圆圈四次。
- **step 04** **两手**叉腰，双脚不动，上身向右转三次，再向左转三次；待身体转向正前方后，原地踏步，向上挥舞丝帕三次。然后，回到原始位置，再做两遍。

【伸展操】

这套伸展操是专门为经常坐着的AB型血者设置的，可以舒活筋骨，改善脊椎情况。

方法一

- **step 01** **背**靠椅背端坐，双手十指交叉外翻，手臂抬至胸前高度，尽力向外伸展，保持10～20秒钟后，恢复放松状态，然后重复。
- **step 02** **站立**，两脚自然分开与肩膀同宽，双手十指交叉外翻，手臂尽力向头部上方伸展，保持10～15秒钟。
- **step 03** **手臂**带动身体向左侧伸展，保持8～10秒钟后回到正中，然后向右侧重复一次。

方法二

- **step 01** **保持站立**，两脚自然分开与肩同宽，双肩尽力上耸，保持5秒钟左右，放松身体，然后重复两次。
- **step 02** **站姿**同上，双手背过，在臀部十指相扣，头部带动身体向右侧伸展，手臂用力向下伸展，保持10～12秒钟，然后反方向进行一次。

✱ AB型血的活力食谱

AB型血的人适合各种食物，但相对来说，他们敏感的消化系统更适应植物性的食物。因此，他们的活力食谱以清淡型为主。

🍳 银鱼南瓜

| 材料 | 小南瓜 500 克，洋葱 50 克，熟豌豆、熟银鱼各适量。 | 调料 | 盐、牛奶。 |

做法

1. 小南瓜洗净，去皮后切丁；洋葱洗净后切丁，与南瓜一起放入锅中，干炒片刻，加牛奶炖煮片刻。
2. 将牛奶、南瓜丁、洋葱丁和适量沸水一起放入高压锅中，加盖大火煮至汽笛响，转小火继续煮5分钟熄火。
3. 把高压锅中压好的牛奶、南瓜、洋葱和凉开水放入果汁机中，拌成泥状，盛出后用电饭锅煮沸，加盐调味，撒些豌豆、银鱼即可。

活力食谱分析

银鱼、南瓜都是柔和的食物，含有大量的钙和维生素，非常适合AB型血的人运动后的消化系统。

🍳 凉拌山药段

| 材料 | 山药 300 克，生菜叶 50 克。 | 调料 | 芝麻酱、白糖、醋、盐。 |

做法

1. 山药去皮后，洗净，切成10厘米长的段，然后每段再切成四条，放到加入少许醋的清水中，再次洗净山药黏液。
2. 生菜叶洗净，沥水，垫在盘底，将山药条码成2～3层。
3. 将少许芝麻酱用水调匀，加白糖、盐拌匀后浇在山药条上即可。

活力食谱分析

山药含有淀粉酶、多酚氧化酶等物质，具有健脾益胃、助消化的作用，非常适合消化道敏感、脆弱的AB型血的人。

很多人都知道，运动与身体素质有着密不可分的关系，比如喜欢田径或篮球的人个头都在中等以上，而喜欢游泳的人，四肢比较长。这或许就是"用进废退"原则的作用吧。然而，近来研究者指出，血型与运动也有着神奇的关系。很多研究者在统计中发现，由于不同血型中血型抗原不同，所以性格、体力都有不同的表现。

A型血的人灵活，在毅力、耐力上占有优势，但由于长期进食植物性食物，爆发力不强，比较喜欢舒缓的、具有技巧性的运动。而且他们能扎实地掌握运动技术，很善于战术的配合。例如，A型血的运动员通常会在相扑、跨栏或长跑等运动中取胜。

B型血的人好胜心强，动作灵活，具有专注、适应性强的特点。在性格上，他们灵活，具有果断胆大、艺术创造能力突出的特点，但不善于观察对方的变化，协调作战能力较差，比较适合双人竞技类的运动，比如网球、武术等。

由于O型血的祖先是狩猎者，经常进食肉类，因此，具有大力士的体质和弹跳力较好的天赋。另外，O型血的人在性格上，具有精神专注、思维集中，很会把握时机的特点，很适合比较剧烈的、协调能力比较强的运动。据说，在跳跃运动、棒球、排球和高尔夫球的运动中，O型血比较占优势。

AB型血是四种血型中神经反应最快的。因为他们血液中含有A、B两种抗原，所以天生比较敏感。在性格上，他们又努力保持沉着冷静、顾全大局的性格，因此比较适合平衡感强，而且技术性高的运动项目，如足球、排球、乒乓球、跳高等。

了解血型与运动项目的关系，可以有效帮助人们在保持健康时扬长避短。当然，虽然不同的血型对运动的选择不同，但好身体的保持并不是仅此而已，它还需要长期地坚持和坚强的信念。

养生课堂

血型VS运动特长

Health class

Part 09

血型十二宫：
血型 VS 星座

当十二星座遇到四种血型，其中会有怎样的奥秘？解开这个谜团，你就能更好地认识自己，认识他人。

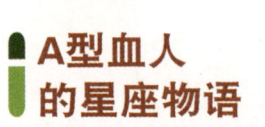

■ A型血人
■ 的星座物语

A型血人的人生观比较复杂，对外界顾虑重重，既希望安定，又渴望超脱。生活态度是公私分明，遵守秩序，小心谨慎。思维判断很有条理，考虑问题细致周密，主张完美，讨厌矛盾的逻辑，但有些形而上学和自以为是。

＊ A型白羊座：战斗力强，渴望成就感

白羊座外刚内柔，精力旺盛且生气蓬勃，待人处事显得特别精明。难能可贵的是，他们的口才大都十分犀利，常提出一针见血的见解。成为团队中不可多得的人才，"战斗力强，渴望成就感"为其最鲜明的表征。

主动进取的理想主义者

A型白羊座主动进取、思路清晰，无论做什么事都表现出强烈的企图心，是个理想主义者，但有性急暴躁、太自我肯定这两大缺点。他们勇于接受挑战，总是热情十足地加入任何竞争行动；只要在达到某种目标后，不出现出自以为是、独断独行的行为，就可稳住战果。

Advice 给A型白羊座的忠告

不要太固执于自己的想法及意见，或是过分重视你的原则，应打破思想的藩篱，对别人的意见采取弹性接纳的态度，同时也应培养乐观进取的精神，勇往直前。

﹡A型金牛座：从容不迫，不轻易冒险

A型金牛座的人，具有从容不迫的性格，不轻易尝试冒险性的活动，即便绕远路，也会选择一条安全的路线。在行动之前，每每会花费许多工夫去策划考虑，并预先做好可能发生的危险及应急措施后，才会展开行动，一步一步慢慢走。

深谋远虑，稳扎稳打

重视稳扎稳打的功夫是A型金牛座的特点，他认为一件事情若想成功，必须像盖房子一样，地基需打稳，才能在上面砌砖盖瓦。

Advice 给A型金牛座的忠告

要努力表现自己，不该作茧自缚、墨守成规。心情不佳时，就设法排解，使心情开朗些。

﹡A型双子座：足智多谋，善于交际

A型双子座一向足智多谋，善于交际。尽管有部分外热内冷、游移不定的人格特质，但依然无法抹杀他们在团体中所呈现的特殊魅力——"有双重推断能力"为其最鲜明的表征。

适应力极佳的双重性格

A型双子座的人交际范围广泛，在团体之中，总是显得鹤立鸡群，非常的突出，喜欢生活于热闹人群中，不能忍受固定的人际关系及狭隘又缺乏变化的生活环境。

Advice 给A型双子座的忠告

过分喜欢出风头的话，最后会弄得声名狼藉，还是收敛一点好。

✱ A型巨蟹座：不折不扣的浪漫主义者

A型巨蟹座依赖性强，深情易感、爱家、爱幻想，基本上是个不折不扣的浪漫主义者，且具有亲密的融合意识。

重视原则，喜欢脚踏实地

A型巨蟹座的你，在性格上是重视原则，喜欢脚踏实地生活的人，也是一个相当保守、念旧的人。要你改变原有的生活方式，或创造新的事物，对你来说是不太可能的，你可能会改革已有的事物，或作体制上的改变，但不喜欢动摇生活根基的改革。

Advice 给A型巨蟹座的忠告

多情的巨蟹座，务必要告别"一发不可收拾"的感情基调（情关），才能专心在事业上打拼。

✱ A型狮子座：天真与王者的交织

A型狮子座的人，阴阳两性兼具，消极性和积极性常常混合在一起，是一种错综复杂的性格，有豁达、大方、享乐主义、缺乏理智、追逐权贵等特质——"天真烂漫"则为其最鲜明的表征。

具有王者风范

狮子座的你自信心极为强烈，但往往会因过于自信而流于自大。在热爱名誉和荣耀的心理下，凡事自以为是，无法忍受别人对你的冷落，且喜欢骑在别人的头上，来满足自己高高在上的虚荣心态。

Advice 给A型狮子座的忠告

理当培养公正、严明的态度，以判别身边的君子与小人。

✱ A型处女座：狂想而自负的完美主义者

A型处女座是狂想而自负的，他们做事很有计划，也十分尽职，但有不满现状、杞人忧天、小题大做等表现——"追求完美"为其最鲜明的表征。

谨慎怯懦，自尊心极强

一般说来，A型处女座的你是一个纯洁而善良、谨慎而怯懦的人，且有洁癖，不喜欢别人乱动你的东西，侵犯了你的生活空间。但有时如果你过度坚持，别人会认为你很小气，心胸狭窄，因一点小事，便大动肝火，殊不知是冒犯了你的禁忌。

Advice 给A型处女座的忠告

切勿过于精打细算，自古以来，太实际者似乎都难以创造大的格局。

*A型天秤座：优雅多彩过一生

优越的审美观点，使其对人生的丑态十分厌恶，不管何时何地，都保持自己优雅的仪态，待人和蔼、有礼，给人的第一印象非常好，常因此获得上司的信赖和重用。优雅多彩地过一生是A型天秤型生活最大的宗旨。

立场中庸，追求平衡

为了留给别人美好的印象，所以他最不喜欢和人争辩，凡事都采取中庸的立场，当面临选择性的问题时，他通常都不会立即回答。

Advice 给A型天秤座的忠告

追求完美，行事谨慎，也是为人处世的优点。不过凡事要有"度"，不然只能是徒增烦恼！

*A型天蝎座：热情自信，感情活跃

A型天蝎座大都欲望强烈，深具侵略性格，他们极富持续力，有永不退缩的冒险倾向。跋扈、骄纵当然在所难免——"热情自信、感情活跃"为其最鲜明的表征。

静如处子，动如脱兔

A型天蝎座可谓静如处子、动如脱兔，有温柔甜蜜的一面，也有伶俐、活力的一面。换言之，他们不爱出风头，感觉很随和，但意志集中，深谋远虑，执行力强，不畏挫折，可坚持到底。

Advice 给A型天蝎座的忠告

激烈的情绪若任意发泄，必误己伤人，故应学习自我抑制，以冷静、理智的态度去对待别人。

＊A型射手座：自然奔放，率性而为

A型射手座几乎都是独立而闲适的个体，他们友善、自然、奔放的性格，在人群中一直深受欢迎，只是，有时过度地卖弄风情，让人难以消受——"不善修饰，率性而为"是其最鲜明的表征。

不折不扣的生活梦想家

A型射手座是知性与感性的结合体，爱好自由奔放的生活，诚然为多情、浪漫的理想主义者，也是不折不扣的生活梦想家。为满足强烈的好奇心，即使违背伦理道德也不介意；他们对理想的追求却十分执著，得不到似乎很难善罢甘休。

Advice 给A型射手座的忠告

有了美妙的想法，就要马上去证实，把你的证明呈现给大家知道。这是通往成功的唯一捷径。

＊A型摩羯座：追求平稳，坚持自我

A型摩羯座的人生，诚如在正常轨道直行的列车，总是平稳而畅通地往目的地行驶开去。他们欠缺野心，从不跟人论斤计两，深具保护自我的本能——"坚持自我"为其最鲜明的表征。

认真谨慎，朴素踏实

A型摩羯座认真而谨慎的特质，可从他们朴素、踏实的外表上看出来。事实上，他们并非完全与世无争，而是得胜的决心并不那么明显，也不会采取阴柔、卑鄙的手段巧取豪夺。换言之，他们完全凭着自己的真才实干，比别人更卖力、更尽心去完成而已。

Advice 给A型摩羯座的忠告

除秉持严谨之心外，应多多培养兴趣和嗜好，这样会使你的生活更充实。

✱ A型水瓶座：天赋异秉，孤芳自赏

A型水瓶座的性格极为尖锐而且难以理解，他们喜欢沉思，披着理想主义的外衣，过着有如哲学家的生活，胡作妄为有之，孤芳自赏有之——"天赋异秉，具独创性"则为其最鲜明的表征。

标新立异，自命不凡

A型水瓶座才华横溢、聪敏过人，但又标新立异、自命不凡，所以常给人缺乏一贯性，或不知如何亲近的感觉。A型水瓶座过分的冷静与理智，造成与社会的疏离，容易被误解为薄情寡义，这对人际关系来说，具有相当负面性的影响。

Advice 给A型水瓶座的忠告

太过理想化的生活，不是正常人所能过的，如果硬要脱离现实常轨，只会徒增迷惑。

✱ A型双鱼座：反应灵敏，善解人意

A型双鱼想象力丰富，具有诗意般的情怀，反应灵敏、乐于助人，柔情似水且不懂拒绝——"善解人意"为最鲜明的表征。

深情易感，逃避现实

A型双鱼座平时给人的感觉总是抒情优雅、风度翩翩、深情易感且浪漫多情，他们拥有"海王星"所赋予的博爱情怀，难怪拥有用情不专的生命。其实，理解力强、创造力佳的A型双鱼座，同时具有悲天悯人、济弱扶贫的美妙本质，因此温和有礼，深得人缘。

Advice 给A型双鱼座的忠告

务必谢绝外界过多的诱惑，才能摆脱一切束缚，轻松游向快乐而丰富的海域。

B型血人的星座密码

> B型血人的心理素质特点是情绪化，很容易突然感觉忧伤，也容易突然感觉很开心，而且这些也会一一表现在脸上。不过，即使有忧伤的事情，一般只是浅浅的，不会让他们难过很久。B型血人容易从不良情绪中解脱出来，抗压性非常好。

✱ B型白羊座：胆大心细，爆发力强

B型白羊座的爆发力强，胆子够大，心思也很细腻，敢尝试别人不敢做的事，常有"挽回颓势"的能力，绝对适合一切开发工作——"胆大心细"为其最鲜明的表征。

开创性强，缺乏服从精神

B型白羊座有常换工作跑道的倾向，然而，这也是他们维系职业动力、生命意义的有效方法。他们的开创性很强，一旦确定目标，便能勇往直前，奋斗不懈。加上自我意识极强，总是爱恨分明，无论何种处境，皆深切明白自己要做什么、该做什么。

Advice 给B型白羊座的忠告

要懂得控制预算与风险，切莫挥霍无度，不知守成。

✱ B型金牛座：稳扎稳打，决不放弃

B型金牛座的主要特性为：稳扎稳打、忍气吞声，他们总是"一步一脚印"地去完成某事，无论生活上、工作上、爱情上都会有不错的成绩——"决不放弃"为其最鲜明的表征。

墨守成规，迷恋旧事物

B型金牛座大都是工作狂，即使事业本身多么不如意、工作性质多么缺乏兴趣，他们依然能够坚守岗位，持续苦撑下去。这样的生命态度，也造就他们墨守成规、迷恋旧事物、喜欢穿同一品牌的衣服等的诡异特质。

Advice 给B型金牛座的忠告

一直缺乏生涯规划,许多小事放不开,诚然是你此生最大的致命伤。

B型双子座:冲动逞强,改弦易辙

B型双子座具有"不安、冲动、好奇、逞强、双重"等灵魂特征,无论在事业上、工作上或人际关系的处理上,的确缺乏坚持的意志——"改弦易辙"为其最鲜明的表征。

聪明敏捷,三心二意

B型双子座的馊主意、鬼点子特多,乃聪明、敏捷的代表,但由于深具"善变"的性格。双子座的嗅觉相当敏锐,口才也是一流的,容易比别人早一步侦知流行方向、知识与信息,但如何把自己的缺点化为优点,是他们必须积极克服的人生课题。

Advice 给B型双子座的忠告

善用自己"变幻、自在"的性格,并且坚持工作方向,成就自是指日可待。

B型巨蟹座:谨慎稳健,重视安全感

B型巨蟹座处世谨慎、行事稳健,在人生舞台上的表现,可说很少犯错。他们重视安全感,也很顾家,因此,只要有朝一日干上部门主管或老板,便能轻松带领团队,创造更大的成就与财富——"自卫意识"为其最鲜明的表征。

吃软不吃硬

B型巨蟹座颇有理财观念,对数字也十分灵敏,他们的感受性极强,又有奋发向上的精神,因此,步入社会不久,绝大多数懂得积极培养班底,便于日后创业所需。

Advice 给B型巨蟹座的忠告

要改变不让外人接近的倾向。如果心胸狭窄,难得的女性魅力也会减半。

❋ B型狮子座：热衷展示自我的"爱现"者

B型狮子座具有"创造、掌控、挑战、外向、喜感"等生命特质，他们喜欢也习惯接近人群，能充分展现自我——"爱现"为其最鲜明的表征。

态度强硬，不擅沟通

B型狮子座绝对不会从事任何枯燥、呆板的工作，这是由于他们过度乐观、不切实际的性格因子所造成的，因此，除非自己当老板，以权力来威慑下属，否则就只适合"单打独斗"的职业了。

Advice 给B型狮子座的忠告

请将心比心，别强迫他人去做连自己都觉得很窝囊的事！

❋ B型处女座：勤劳严肃，注重秩序

B型处女座拥有批评、秩序、自卑、勤劳、严肃、乐于工作等诸多人格特质。他们讲卫生、重纪律，对身边的事物打理得井然有序——"洁癖"为其最鲜明的表征。

爱挑剔，故步自封

B型处女座最具挑剔特质，常会因为一件小事而影响整天的生活态度或工作情绪，同理可推，处女座根本不适合打麻将，或从事任何高风险的投资事业。B型处女座喜欢吹毛求疵，不喜欢他人乱动用自己的东西，这些都让人感觉难以亲近。

Advice 给B型处女座的忠告

喜好批评，所以要注意不要变成喜欢揭发他人的过失，要有隐恶扬善的宽大胸怀。

❋ B型天秤座：内向文静，广结善缘

B型天秤座内向而文静，爱美而又有友爱的精神，脾气好得无话可说。他们喜欢广结善缘，最懂得运用"人脉"来发展事业或爱情——"美的先知"为其最鲜明的表征。

待人诚恳，重视沟通

B型天秤座待人诚恳，重视沟通，能接受旁人的意见，这使得他们深具推广、公关方面的才华，成为"万人迷"。不过，"无法坚持己见"也成了他们人格上的弱点，总被有心人士牵着鼻子走。

Advice 给B型天秤座的忠告

悠闲、舒适的生活步调似乎太过平凡了，断然地跳脱出来查看一番，你会觉得更有收获。

B型天蝎座：敏感细心，多才多艺

B型天蝎座天生敏感、细心，尽管有时跋扈、经常不安，但毕竟仍属于多才多艺的人物——"彻底追求"为其最鲜明的表征。

天生的业务高手

B型天蝎座敏感度高，直觉性强，对自己分内的工作相当积极，根本不怕困难，有全力以赴的实践能力，尤其对业务推广工作，更是得心应手。

Advice 给B型天蝎座的忠告

积极培养包容、慈爱之心，勿钻牛角尖，勿胡思乱想。

B型射手座：个性乐观，无拘无束

B型射手座是正义的化身，开创性强，个性乐观，不惧艰难，懂得照顾他人。就某种意义而言，确实颇具领袖才华。

率直的理想主义者

B型射手座是理想主义者，秉持无私无我的高尚情操，而且是十二个星座中最快乐、最不会抱怨黑暗面与失意面的人物——"率直、不掩饰"为其最鲜明得表征。

Advice 给B型射手座的忠告

在答应援助他人之前，务必先衡量自己实际的经济状况。

✱ B型摩羯座：沉稳内敛，讲究务实

B型摩羯座颇有商业头脑，也非常在意个人形象，他们的行事准则秉持着"清廉、务实、标准、肃穆"四大方向，失误率偏低——"沉稳内敛"为其最鲜明的表征。

个性冷静，善于谋略

个性冷静，谋定而后动，算得很精，是摩羯座最大的特点，然而，不喜欢跟陌生人交往，对他人的道德标准要求过高。

Advice 给B型摩羯座的忠告

在憧憬权力及名誉之时，也得多多关切弱势群体的处境。

✱ B型水瓶座：智慧过人，自命不凡

B型水瓶座的点子新奇、思考前瞻、创意极佳，堪称十二星座中最聪慧，却也最不懂得珍惜自己的星座——"自命不凡"为其表征。

渴望自由，个性散漫

B型水瓶座的性格特征是"志向未来型"，不会拘泥眼前小小的现实，不管何时都积极地注意未来。

Advice 给B型水瓶座的忠告

如果地位、名誉、财富都算是生命的束缚，那你活着还有什么意义呢？

✱ B型双鱼座：不食人间烟火的艺术家

B型双鱼座具有"多梦、艺术、亲切、逃避、渴望、容易受骗"等人格特质——"不食人间烟火"为其最鲜明的表征。

个性浪漫，适应性强

B型双鱼座个性非常浪漫，适应性极强，随遇而安。他们多半具有艺术天分，观察力也比他人敏锐，是交朋友、谈心的好对象。

Advice 给B型双鱼座的忠告

亲切随和的气质很可能会被坏人所利用，要注意！

O型血人的星座奥妙

> O型血人的心理素质特点是，平时大部分时间都非常乐观开朗，理性且情绪稳定，对于生活、工作中的困难或挫折都有勇气承受，能表现出顽强的奋斗精神。所以，对O型血的人来说，培养自己的冷静、客观性，是非常重要的。同时，不同星座的O型血人，也具有很多不同的奥妙。

✱ O型白羊座：积极进取，富有行动力

O型白羊座最富于积极进取之精神，拥有较强的行动力。他们的行为动机全然采取说做就做的态度。换言之，既不瞻前也不顾后——"清爽、干脆、断然"为其最鲜明的表征。

活泼开朗，好胜心强

O型白羊座即使遭遇挫折，由于具有活泼、开朗的天性，也不会因此而意志消沉，常给人"好胜心太强"的刻板印象。

Advice 给O型白羊座的忠告

在这讲究团队精神的年代，理应积极营造判断力与组织力，以备不时之需。

✱ O型金牛座：习惯顺从，不爱冒险

O型金牛座是O型血液者中行动最为迟缓、最没干劲的特殊典型，对任何事情都不会想办法抢先达到目的，而是以缓慢安全的原则实行——"顺从，不爱冒险"为其最鲜明的表征。

缓慢主义的实行者

O型金牛座是缓慢主义的实行者。此型的人做事尽管慢慢地，但确实能安全地达到目的，较之冒着危险的突进者也许好些。

Advice 给O型金牛座的忠告

不要从事竞争激烈、随时得做出适当决策的行业，以免庸人自扰。

＊O型双子座：好奇心强，兴趣广泛

O型双子座的人，好奇心强，求知欲重，兴趣非常广泛，且具有积极的行动力，只要对某件事物产生兴趣，便会迅速加入追逐的行列——"贪婪"为其最鲜明的表征。

缺乏耐性，容易半途而废

O型双子座是属于多面行动型，好动中隐藏着沉静的矛盾，逞强中略带一点怯懦本质，结果往往是马马虎虎、胡搞瞎搞，难以成就大事业。

Advice 给O型双子座的忠告

广泛的兴趣虽然对人有帮助，但是"半途而废"的态度却是行动时最大的缺陷。

＊O型巨蟹座：仁慈友爱，较强的防卫心

O型巨蟹座的感受性居十二星座之首，有强烈的恻隐之心，当然，他们自我防卫的性格也十分强烈——"慈爱"为其最鲜明的表征。

热爱生活，适应性强

O型巨蟹座的人热爱生活，很难和现实生活脱节，他们总是竭尽所能地从守护开始，散发爱的光辉。换言之，O型巨蟹座不会沦为空泛的理想主义者，他们的适应性极佳，不会因为环境变化而感到无所适从，亦不会主动改变现状。

Advice 给O型巨蟹座的忠告

不要老是顽固地落实自己的主张，先听听他人的意见吧！

＊O型狮子座：积极开朗，具有支配倾向

O型狮子座的人，积极、华丽、开朗、爱说话，而又以"表现欲、支配力"为其最鲜明的表征。

坚决果断，爱出风头

O型狮子座爱出风头、坚决果断、乐观进取，驱使他们义无反顾地拼命往高处爬。然而，随着社会地位、事业成就的提升，内心就会变得自大、骄纵起来。

Advice 给O型狮子座的忠告

切莫轻易流露不可一世、非我莫属的姿态，以免引发众人的围剿，因而自食恶果。

*O型处女座：头脑灵活，三思而行

O型处女座脑筋灵活，充满理性的智慧，不但能及早规划人生，且能正确处理周遭任何突发的事件——"三思而行"为其最鲜明的表征。

严于律己，略带神经质

O型处女座略带有神经质，常常会显露出不容许自己失败的反应，因此显得跋扈且不通人情世故。

Advice 给O型处女座的忠告

以自我为中心的人，几乎都是不近人情的，请留一点余地让他人也有机会高兴一下吧。

*O型天秤座：注重外表，处事得体

O型天秤座是社交界的名流，除十分注重打扮、穿着外，谈话技巧也相当得体，因此颇受好评——"爱美"为其最鲜明的表征。

处事明快，不会拖拖拉拉

O型天秤座处事明快，具有得理不饶人的倾向，最忌别人颐指气使，想指责他、命令他，或让他俯首称臣，就要事先帮他找好的台阶下，否则势必会引起O型天秤座有如抓狂般的恼怒。

Advice 给O型天秤座的忠告

表现最好的自己，"适度"列举最得意的事，留给对方良好印象。

＊O型天蝎座：信念坚定，性情多变

O型天蝎座具有坚定的信念、阴柔的内在，所以两相矛盾，将不规则的行动模式，得天独厚的阴性魅力，发挥得淋漓尽致，呈现复杂、多变的性情——"倨犟"为其最鲜明的表征。

意志强硬，我行我素

神秘感颇重的O型天蝎座，几乎很少对人献殷勤，从不逢迎拍马，就某种意义而言，确实是个"不上道"的人。然而，正因为光明磊落，知心的朋友显然不在少数。

Advice 给O型天蝎座的忠告

神秘感太重的人，就连善意的回应也会遭到误解。

＊O型射手座：爽朗大方，具有亲和力

O型射手座具有敏捷而实际的行动力，天生爽朗、大方的性情，更是吸引人的主要因素，能与形形色色的人物和平共处——"顺应性强"为其最鲜明的表征。

判断力强，讨厌束缚

热情有劲的O型射手座，喜欢用尽自己的心力去完成某事，因此，在学有所成之后，大都会自行创业，这时，若能多多采纳别人的批评或意见，对于自己事业的发展，绝对有相当正面的作用。

Advice 给O型射手座的忠告

为了迈向成功之路，应极力避免朝三暮四、反复无常的行为。

＊O型摩羯座：坚持原则，中规中矩

O型摩羯座为实事求是的人物，对任何事情皆保持审慎的态度，且坚持自己的原则——"中规中矩"为其最鲜明的表征。

沉默寡言的实践家

在冷然而坚强的外表之下，其实保有神秘而惊人的潜质，诚

然是个沉默寡言的实践家。一般而言，O型摩羯座是极遵守规律的人，生活严谨、踏实，态度趋向保守与固执。

Advice 给O型摩羯座的忠告

对自己要求严格并非错事，但请勿以此标准去审视他人，尤其是现在的新新人类。

✳ O型水瓶座：直来直去，博爱为怀

O型水瓶座在先天特质上有求知欲、偷窥欲、爱表现、直来直去等性格，总是以自我为中心，秉持着"只要我喜欢有什么不可以的"生命态度——"博爱为怀"为其最鲜明的表征。

真实而敏感的理想主义者

O型水瓶座也具有相当强烈的叛逆性格，他们的理解力、鉴赏力与破坏力均强；有时温柔、有时狂野。O型水瓶座是真实而敏感的理想主义者，总是随心所欲地过日子。

Advice 给O型水瓶座的忠告

善用本身独有的博爱情操，公平面对周遭的每一个人。

✳ O型双鱼座：乐于奉献，多情浪漫

O型双鱼座具有柔软而富有弹性的气质，适应力极佳，且具有牺牲奉献的精神，不分男女，均有超越名誉、利益之上的情怀——"多情、浪漫"为其最鲜明的表征。

心思细腻，意志薄弱

O型双鱼座心思细腻，感受性特强，总是心平气和地对待每一个人。然而，正因为他们的多情善感，极容易被别人牵着鼻子走，无端卷入不必要的感情纷争，进而荒废学业或事业。

Advice 给O型双鱼座的忠告

如果只介意旁人的眼光，就会迷失了自己的方向。那么即使自己只有一个主张，也要贯彻到底。

251

AB型血人的星座解读

> 对AB型血的人来说，注意如何在平时就疏解自己的不良情绪，而不是累积到一定程度才爆发，会比较有利。

✻ AB型白羊座：真诚冷静，公正无私

AB型白羊座具有真诚的灵魂、冷静的判断、上进的精神、劳动的身躯、追求大我之行动模式——"领导欲"为其最鲜明的表征。

发号施令的领导者

AB型白羊座越登上人生事业的高峰，越达到旁人不可取代的声望，他的精力越旺盛，责任心越是表露无遗。

Advice 给AB型白羊座的忠告

摒弃主观的批判意识，积极培养客观的态度，加强自我反省能力，方能成为强者中的强者。

✻ AB型金牛座：坚强实在，冷静沉着

AB型金牛座具有坚强的信念、合理的气质、实在的性格——"冷静沉着"为其最鲜明的标志。

"冷血动物"的另一面

AB型金牛座虽是现实主义者，理论上缺乏人情味，但也有温暖多情的一面，绝不是外传的冷血动物。

Advice 给AB型金牛座的忠告

关于长期投注时间与精力的事物，必须懂得适度调整。

✻ AB型双子座：随机应变，博学多闻

AB型双子座具有双重性和双鱼座的两面性，但其随机应变的能力、博学多闻的知识，以及穿针引线的功夫令人叹服。

理解力强，好奇心重

AB型双子座的好奇心很强，但令人感到惋惜的是：他们一向缺乏耐性，常有出尔反尔的行为。

Advice 给AB型双子座的忠告

为了美好的前途着想，请集中意念，多多加强耐力吧！

*AB型巨蟹座：感觉敏锐，有求必应

AB型巨蟹座虽然披着理性的外衣，行事干脆、明快，很爱照顾他人，但骨子里却相当注意自己私生活的隐秘性。

易受伤害的性情中人

在外，你会尽力保护自己；独处时，你就会撤去防范之心，如果此时有任何突如其来的事情刺激了你，你的反应必是相当激烈。

Advice 给AB型巨蟹座的忠告

过分以理性打扮感情会封闭自己，有时让别人了解自己多一些，可以意外地得到知己好友，千万别太闭塞。

*AB型狮子座：充满活力，光明磊落

AB型狮子座充满活力，具有光明磊落的行为举止，做任何事情都很带劲儿——"威严"为其最鲜明的表征。

做事有条理，性情温和

AB型狮子座的分析能力强，凡事皆有条理可循，脑筋非常灵活，温和有礼，大方慷慨，所以在社交界颇得人缘。

Advice 给AB型狮子座的忠告

千万不要把别人的批评与建议当做耳边风，应站在第三者的立场，好好审视自己的作为。

*AB型处女座：判断力强，爱好批判

AB型处女座大都多才多艺，怀有强烈的贞节观，阴柔的处世哲学、优秀的判断力——"好批判"为其最鲜明的表征。

知性冷静，掩藏情感

AB型处女座多半是知性的，头脑中经常有如电脑般运转着，总是朝较合乎逻辑的方向去思考，但仍不时会有出人意料的举动。

Advice 给AB型处女座的忠告

留意将精神适度放松，并培养不拘泥于眼前好处的远大志向。

＊ AB型天秤座：温文尔雅，万事周到

AB型天秤座有优秀的审美观，洗练的社交技巧，最讲究礼仪，万事周到，始终给人温文尔雅、潇洒的感觉。

理性生活，长于斡旋

AB型天秤座的人，理性较感性强，最讨厌因感情的驱使而做出极端的行为，不合道理的行为只会产生破坏和错失。

Advice 给AB型天秤座的忠告

无须在意别人的脸色或评价，只需加强自己的决断力。

＊ AB型天蝎座：冷静敏锐，不怒自威

AB型天蝎座行事慎重而冷静，有敏锐的洞察力、求知欲，具备独自冒险的个性，总在不显眼中保持自我的格调。

神秘而又具有魅力

AB型天蝎座讨厌人情世故，从不把自己的喜怒哀乐彻底表现出来，也不将心事告知他人，始终给人自我封闭的印象。

Advice 给AB型天蝎座的忠告

内心深处蕴藏着丰富的情感，何不学习开放式的社交技巧呢？

＊ AB型射手座：理想远大，懂得变通

AB型射手座具有强大的欲求、宏远的理想，讨厌停滞不前，转变非常迅速（懂得变通）——"直爽"为其最鲜明的表征。

热情似火的急性子

AB型射手座当然也有致命的弱点，那就是太"性急"，往往同时追逐好几样东西，而把自己搞得心浮气躁，毫无喘息的余地。

Advice 给AB型射手座的忠告

应学习"循序渐进"的精神，避免再犯同样的错误。

✳ AB型摩羯座：笃实沉稳，安全至上

AB型摩羯座是笃实、沉稳的人物，凡事以慎重为前提，具有规范、顺势之特质。

天生缺乏安全感

AB型摩羯座天生缺乏安全感，所以比别人更要求绝对的安全，颇有企业家自发的精神，以努力和耐力来支撑自己的所作所为。

Advice 给AB型摩羯座的忠告

不妨扩大自己的交际范围，多多吸取他人的优点与经验。

✳ AB型水瓶座：冷静客观，崇尚理性

AB型水瓶座的人冷静而客观，具有理智、仁爱、共荣、友情、大同思想之特性，面对任何事物皆以"理论"去解释。

拥有科学而理性的头脑

AB型水瓶座不会墨守成规，不会沉湎于习惯、道德、常识等框框，他们常有独创的构想或见解。

Advice 给AB型水瓶座的忠告

"崇尚自由"并非坏事，但不要过度放逐自己。

✳ AB型双鱼座：多重人格的自我迷失者

AB型双鱼座是"四重人格者"，具有感性、振奋、疏离、奉献之特性，行动模式复杂而多样——"自我迷失"为其最鲜明的表征。

情绪脆弱，神经敏感

AB型双鱼座的神经相当敏感，很轻易就能看透别人的内心，而他们的性情温顺，始终秉持着宽宏的度量。

Advice 给AB型双鱼座的忠告

不要太相信别人，尤其是感情的到来或失去。

BLOOD-GROUP

血型密码全集

* **美术编辑** *
吴金周

* **图片绘制** *
许嫣娜　陈澄　赵珍